果树病虫害诊断与防控原色图谱丛书

枣树病虫害诊断与防控原色图谱

霍玉娟　邱　强　主编

河南科学技术出版社
· 郑州 ·

图书在版编目（CIP）数据

枣树病虫害诊断与防控原色图谱／霍玉娟，邱强主编．—郑州：河南科学技术出版社，2021.1

（果树病虫害诊断与防控原色图谱丛书）

ISBN 978-7-5349-4798-8

Ⅰ．①枣…　Ⅱ．①霍…　②邱…　Ⅲ．①枣–病虫害防治–图谱　Ⅳ．①S436.65-64

中国版本图书馆CIP数据核字（2020）第174437号

出版发行：河南科学技术出版社

地址：郑州市郑东新区祥盛街27号　　邮编：450016

电话：（0371）65737028　65788613

网址：www.hnstp.cn

策划编辑：李义坤

责任编辑：田　伟

责任校对：金兰苹

封面设计：张德琛

责任印制：朱　飞

印　　刷：河南博雅彩印有限公司

经　　销：全国新华书店

开　　本：850mm×1168mm　1/32　印张：4.75　字数：115千字

版　　次：2021年1月第1版　2021年1月第1次印刷

定　　价：26.00元

序言

随着我国经济的快速发展和人民生活水平的不断提高，人们对果品的需求量逐年增加，这极大地激发了广大果农生产的积极性，也促使了我国果树种植面积空前扩大，果品产量大幅增加。国家统计局发布的《中国统计年鉴——2018》显示，我国果树种植面积为 11 136 千公顷（约 1.67 亿亩），果品年产量 2 亿多吨，种植面积和产量均居世界第一位。我国果树种类及其品种众多，种植范围较广，各地气候变化与栽培方式、品种结构各不相同，在实际生产中，各类病虫害频繁发生，严重制约了我国果树生产能力提高，同时还降低了果品的内在品质和外在商品属性。

果树病虫害防控时效性强，技术要求较高，而广大果农防控水平参差不齐，如果防治不当，很容易错过最佳防治时机，造成严重的经济损失。因此，迫切需要一套通俗易懂、图文并茂的专业图书，来指导果农科学防控病虫害。鉴于此，我们组织了相关专家编写了"果树病虫害诊断与防控原色图谱"丛书。

本套丛书分《葡萄病虫害诊断与防控原色图谱》《柑橘病虫害诊断与防控原色图谱》《猕猴桃病虫害诊断与防控原色图谱》《枣树病虫害诊断与防控原色图谱》《核桃病虫害诊断与防控原色图谱》5 个分册，共精选 288 种病虫害 800 余幅照片。在图片选择上，突出果园病害发展和虫害不同时期的症状识别特征，同时详细介绍了每种病虫的分布、形态（症状）特征、发生规律及综合防治技术。本套丛书内容丰富、图片清晰、科学实用，适合各级农业技术人员和广大果农阅读。

邱 强

2019 年 8 月

前言

我国枣树种植区域比较广泛，各地气候变化与栽培方式、品种结构差异较大，枣树病虫害发生种类和发生规律也不尽相同。有些枣树病虫害在一些地方对枣果生产影响很大，如桃小食心虫近几年在部分地区为害枣果，造成“十果九蛀”，使枣果大幅减产；枣疯病在许多地方造成枣树陆续死亡，果农损失惨重；枣锈病在流行年份造成枣树早期严重落叶，枣果品质下降，树势减弱。因此，科学合理地识别防治枣树病虫害，已成为枣树高产优质管理的一项重要工作。

为帮助果农和基层技术人员识别防治枣树病虫害，作者把近年来调查遇到的枣树病虫害种类及其防治技术汇集成册，供相关人员参考。

本书精选了对枣树产量和品质影响较大的55种主要病虫害的原色图片150余幅，重点突出了病害果园发展和虫害不同时期的症状、识别特征，并详细介绍了每种病虫的分布、形态特征、发生规律以及防控技术。本书编写过程中作者力求科学性、先进性、实用性。本书图文并茂，言简意赅，通俗易懂，便于果农和基层技术人员阅读使用。

限于作者经验有限，书中可能存在不当之处，敬请读者多提宝贵意见。

编 者

2019年10月

目录

第一部分　枣树病害

一　枣树锈病

枣树锈病又称串叶病、雾烟病，是枣树最常见的流行性病害，在辽宁、河北、河南、山东、陕西、四川、云南、贵州、广西、湖北、安徽、江苏、浙江、福建、台湾等省（区）都有分布。发病严重时，枣树早期大量落叶，树势削弱，枣的产量和品质降低。

【症状】

枣树锈病只发生在叶片上，初期在叶背散生淡绿色小点，小点逐渐凸起呈暗黄褐色，即病菌的夏孢子堆。夏孢子堆形状不规则，直径约 0.5 毫米，多发生在中脉两侧、叶片尖端和基部。之后表皮破裂，散出黄色粉状物，即夏孢子。在叶片正面与夏孢子堆相对应处发生绿色小点，边缘不规则。叶面逐渐失去光泽，最后干枯,早期脱落。落叶发生部位自树冠下部开始逐渐向上部蔓延。

冬孢子堆一般多在落叶以后发生，比夏孢子堆小，直径 0.2 ～ 0.5 毫米，黑褐色，稍凸起，但不突破表皮。

枣树锈病为害枣树叶片

枣树锈病叶片正面病斑（1）

枣树锈病叶片正面病斑（2）

枣树锈病叶背病斑（1）

枣树锈病叶背病斑（2）

枣树锈病为害引起早期大量落叶

【病原】

该病病原菌为枣多层锈菌 *Phakopsora ziziphi-vulgaris*（P.Henn.）Diet.，属于真菌界担子菌门。

【发病规律】

枣树锈病病原菌的越冬方式是以夏孢子在落叶上越冬，翌年成为初侵染源。受害枣树一般于 7 月中下旬开始发病，8 月下旬至 9 月初出现大量夏孢子堆，不断进行再次侵染，导致出现发病高峰，受害枣树开始出现落叶。该病发病程度与当年 8 ~ 9 月降水量有关，降水多发病就重，干旱年份则发病轻，甚至无病。

由于病原菌菌源来自地面落叶，所以酸枣树往往先被侵染，其次是大枣树树冠的下层叶片。随着再侵染的发生，病情沿树干自下而上发展。8 月上中旬为病害的盛发阶段，此时的枣树叶被病菌侵染后，往往提前脱落，病重时，在收枣前一个月叶子落光，导致大量落枣。在生长季节后期，病菌会在叶片上形成极少量黑褐色的冬孢子堆，但冬孢子在病害流行中所起的作用尚不明确。

【防治方法】

1. 加强栽培管理 栽植不宜过密，过密的枝条应适当修剪，以利通风透光，增强树势。雨季应及时排除积水，防止果园过于潮湿。冬季清除落叶，集中深埋以减少病菌来源。

2. 喷药保护 主要在 7 月上旬喷布 1 次 200 ～ 300 倍波尔多液（硫酸铜 1 份，生石灰 2 ～ 3 份，水 200 ～ 300 份），或锌铜波尔多液（硫酸铜 0.5 ～ 0.6 份，硫酸锌 0.4 ～ 0.5 份，生石灰 2 ～ 3 份，水 200 ～ 300 份）。流行年份可在 8 月上旬再喷药 1 次，能有效地控制枣树锈病的发生和流行。也可在 6 月底至 8 月中旬，喷施 15% 三唑酮可湿性粉剂 800 倍液，或 25% 戊唑醇水乳剂 2 000 倍液，或 10% 苯醚甲环唑水分散粒剂 1 500 倍液，或 12.5% 烯唑醇可湿性粉剂 2 000 倍液，或 40% 氟硅唑乳油 6 000 倍液。天气干旱时减少喷药次数，雨水多时应增加喷药次数。

3. 选用抗病品种 内黄的扁核酸、新郑的鸡心枣最易感病；新郑的灰枣次之；新郑的九月青、赞皇大枣，灵宝大枣和沧州金丝小枣较抗病。

二　枣炭疽病

枣炭疽病分布于我国河南、山西、陕西、安徽等省，枣树果实近成熟期易发病。果实感病后常提早脱落，品质降低，严重者失去经济价值。该病除侵害枣树外，还能侵害苹果、核桃、葡萄、桃、杏、刺槐等树种。

【症状】

该病主要侵害枣树的果实，也可侵染枣吊、枣叶、枣头及枣股。

1. 果实　果肩或果腰的受害处最初出现淡黄色水渍状斑点，逐渐扩大成不规则的黄褐色斑块，病斑中间产生圆形凹陷，扩大后连片，呈红褐色，引起落果。病果着色早，在潮湿条件下，病斑上能长出许多黄褐色小突起及粉红色黏性物质，即病原菌的分生孢子盘和分生孢子团。剖开前期落地的病果发现，部分枣果由果柄向果核处呈漏斗状，黄褐色，果核变黑。

2. 叶　叶片受害后变黄绿色，早落。有的受害叶片呈黑褐色、焦枯状，悬挂在枝头。

枣炭疽病病果（1）

枣炭疽病病果（2）

枣炭疽病病果（3）

枣炭疽病病果（4）

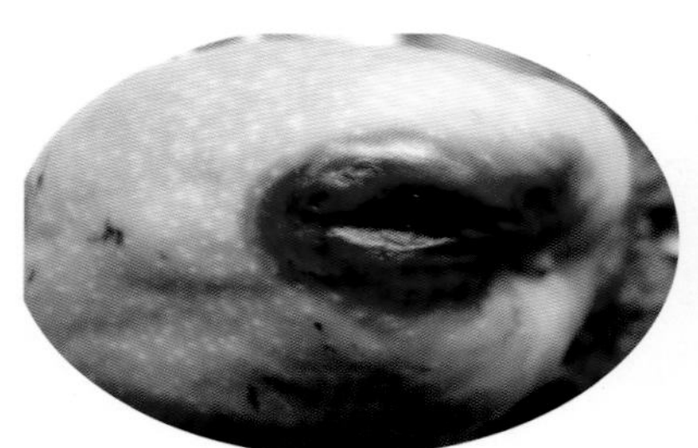

枣炭疽病病果（5）

枣炭疽病为害叶片

【病原】

该病病原菌为真菌中的刺盘孢炭疽菌 *Colletotrichum gloeosporiodes* Penz.。

【发病规律】

枣炭疽病病原菌以菌丝体潜伏于残留的枣吊、枣头、枣股及僵果内越冬。翌年，分生孢子借风雨传播（病菌分生孢子团含有胶黏性物质，可被雨、露、雾溶化），昆虫中的椿象类也能成为传播媒介，分生孢子从树干的伤口、自然孔口或直接穿透表皮侵入枣树。枣树从花期即可被侵染，但通常要到果实接近成熟期和采收期才发病。该菌在田间有明显的潜伏侵染现象。

雨季早、雨量多，或连续降雨、阴雨连绵，相对湿度在 90% 以上等条件下该病发病早而重。

【防治方法】

1. 清园管理　摘除残留的越冬老枣吊，清扫掩埋落地的枣吊、枣叶，并进行冬季深翻。再结合修剪，剪除病虫枝及枯枝，以减少侵染来源。

2. 改变枣的加工方法　采用炕烘法晒枣，能防止高温、高湿环境条件下引起的腐烂。

3. 药剂防治　7月下旬至8月下旬，可喷洒1∶2∶200倍式波尔多液，或50%苯菌灵可湿性粉剂1 000倍液，或40%氟硅唑乳油8 000倍液，或70%甲基硫菌灵可湿性粉剂1 000倍液，或50%多菌灵可湿性粉剂800倍液等,保护果实。9月上旬结束喷药，每次喷药后需间隔10天。

三 枣黑腐病

枣黑腐病在我国安徽、山东、河南等枣区有发生。该病主要引起枣果腐烂和提早脱落。在枣果即将着色和着色时发病，影响枣果的品质和产量。

【症状】

枣果受害后先出现褐色病斑，后病斑逐渐变紫、变黑。病果可在较长时间内保持原状，干后强烈皱缩呈褐色。后期病果表皮下可长出较大的瘤状黑色霉点，即病原菌的分生孢子器。在空气湿度大时，自霉点内涌出较长的白色扭曲状的分生孢子角，有时分生孢子角在病果

枣黑腐病病果

枣黑腐病使果肉变黑色

枣黑腐病果园为害状

枣黑腐病后期症状（1）

枣黑腐病后期症状（2）

表面呈丝状缠绕。

【病原】

该病病原菌主要为壳梭孢 *Fusicoccum* sp. 和茎点霉 *Phoma* sp.，均属于半知菌腔孢纲球壳孢目。病斑表面的小黑点均为病菌的分生孢子器。

【发病规律】

病原菌主要以菌丝体及分生孢子器在病果内越冬，翌年条件适宜时产生病菌孢子，通过风雨传播进行侵染为害。幼果期至成果期病菌均可侵染果实，但果实多从白背期开始逐渐发病，着色后至采收后晾晒过程中发病较重。该病具有明显的潜伏侵染现象。多雨潮湿环境易于病菌的侵染为害。采后晾晒过程中遇潮湿多雾天气常加重该病为害。

【防治方法】

1. 加强枣园管理　发芽前彻底清除病僵果，集中深埋或销毁，消灭病菌越冬场所。根据栽植密度合理修剪，促使果园通风透光良好，降低环境湿度。

2. 药剂防治　生长期于 7 月初喷第 1 次药，至 9 月上旬可用杀菌剂喷 3 次。可用 20%嘧唑菌胺酯水分散粒剂 2 000 倍液，或

68.75%噁唑菌酮·代森锰锌水分散粒剂1 500 ~ 2 000倍液，或50%甲基硫菌灵可湿性粉剂800倍液，或50%多菌灵可湿性粉剂800倍液，或50%异菌脲可湿性粉剂1 500倍液，或50%苯菌灵可湿性粉剂1 500倍液，或60%噻菌灵可湿性粉剂2 000倍液，或50%嘧菌酯水分散粒剂2 000倍液，或25%戊唑醇水乳剂2 500倍液等。在枣轮纹病发生的地方，也可在防治枣轮纹病时兼防本病。

3. 采收后及时晾晒 促使枣果快速适量脱水是避免采后病害严重发生的根本措施。当采后遇阴雨潮湿或雾大露重等天气时，可采用暖房烘干处理，以有效抑制病害发生。

四　枣褐斑病

枣褐斑病分布于我国甘肃、陕西、宁夏、山西、河北、北京、河南、四川、云南及广西等地。该病主要为害枣果，引起果实腐烂或提前脱落。流行年份病果率达 30% ~ 50%，严重者达 70% 以上。

【症状】

枣果感病前期，在果实膨大发白近着色时，先在肩部或腰部出现不规则病斑，病斑边缘较清晰，以后逐渐扩大。病部稍有凹陷或皱缩，颜色随之加深变成红褐色，最后整个病果呈黑褐色，失去光泽。剖开病果，可看到病部果肉内有浅黄色小斑块，严重时斑块扩大直至整个果肉变为褐色，最后呈灰黑色至黑色，病部组织松软呈海绵状坏死，味苦，不能食用。后期受害果表面出现褐色斑点并逐渐扩大成椭圆形病斑，果肉呈软腐状，严重时全果腐烂。一般枣果发病后 2 ~ 3 天即提前脱落。病果落地后，在潮湿条件下，病部产生很多黑色小粒点即为病原菌的分生孢子器。

枣褐斑病果实病斑（1）

枣褐斑病果实病斑（2）

枣褐斑病果实病斑（3）

枣褐斑病果实病斑（4）

枣褐斑病叶片初期病斑（1）

枣褐斑病叶片初期病斑（2）

【病原】

该病由聚生小穴壳菌 *Dothiorella gregaria* Sacc. 侵染所致。病菌的子座生于寄主的表皮下，成熟后突破表皮外露，呈黑色球状突起。

【发病规律】

该病病原菌以菌丝体、分生孢子器和分生孢子在枯死枝条及病僵果上越冬。翌年分生孢子借风雨等传播，病菌在 6 月下旬落花的幼果期，从伤口、自然孔口或直接穿透枣果的表皮侵入，先不发病，侵入枣果后潜伏。8 月下旬至 9 月上旬果实近成熟，内部的生理结构发生变化，潜伏菌丝迅速扩展，果实才开始发病。

此时若连续阴雨，病害就会暴发成灾。病果易软化腐烂。当年发病早的病果提早落地，当年又会产生分生孢子，再次侵染枣果。

当年发病的轻重与早晚，与当年降水次数有密切关系。阴雨天气多的年份，病害发生早且重。树势弱发病早而重，树势强发病晚且轻。环剥、环割的枣树新梢少、叶片薄、叶色淡、树势弱，发病早而重。枣园通风透光差，湿度大，易于发病。另外，椿象、食心虫等较多，为害果实，造成伤口多，常常发病严重。

【防治方法】

1. 加强管理　增施有机肥、钾肥，合理灌水，及时防治害虫，增强树势，可以减轻病害的发生。对发病重的枣树，结合冬季修剪，细致剪除病虫枝。

2. 药剂防治　在枣树发芽前喷施 1 次铲除性药剂，杀灭树上的越冬病菌。效果较好的药剂有 41% 甲硫 · 戊唑醇悬浮剂 500 倍液，或 60% 铜钙 · 多菌灵可湿性粉剂 400 倍液，或 79% 硫酸铜钙可湿性粉剂 400 倍液等。

生长期从落花后半月左右开始喷药，10 ~ 15 天 1 次，连喷 4 次左右。常用有效药剂有 70% 甲基硫菌灵可湿性粉剂 1 000 倍液，或 430 克 / 升戊唑醇悬浮剂 3 000 ~ 4 000 倍液，或 10% 苯醚甲环唑水分散粒剂 2 000 ~ 2 500 倍液，或 50% 多菌灵可湿性粉剂 600 ~ 800 倍液，或 500 克 / 升多菌灵悬浮剂 600 ~ 800 倍液，或 250 克 / 升吡唑醚菌酯乳油 2 500 倍液，或 30% 戊唑 · 多菌灵悬浮剂 1 000 倍液等。

五　枣缩果病

枣缩果病俗称“束腰病”，我国20世纪70年代后期始见正式报道，其后该病遍及全国各大枣区，成为主要果实病害之一。该病在我国河南、河北、山东、陕西、山西、安徽、甘肃、辽宁等省发生，局部地区因病成灾。

【症状】

该病主要为害枣树的果实，引起果腐和提早脱落。受害病果先是在肩部或胴部出现淡黄色晕环，边缘较清晰，逐渐扩大，成凹形不规则淡黄色病斑，进而果皮呈水渍状，浸泪型。果肉由淡绿色转为黄色，松软萎缩，外果皮暗红无光泽。健果果柄绿色，病果果柄褐色或黑褐色。对病果果柄进行解剖观察，可见果柄提前形成离层而早落；病果个小、皱缩、干瘦；病组织呈海绵状坏死，味苦，不能食用；果实发病后很容易脱落。

枣缩果病为害状（1）

缩果病的病程从外观上可分为晕环、水渍、着色、萎缩、脱落5种表现，病程各期均有脱落发生，前期病果多在水渍期脱落，中期多在着色半红期脱落，后期病果多在萎缩期末

枣缩果病为害状（2）

枣缩果病为害状（3）

脱落。

【病原】

相关文献资料报道，该病病原菌属细菌欧文氏菌属的一个新种即噬枣欧文氏菌 *Erwinia jujuboura* Wang.Cai.Feng et Gao。病原菌属革兰氏阴性菌，短杆状，大小为（0.4 ~ 0.5）微米 ×10 微米，周生鞭毛 1 ~ 3 根，无芽孢。也有研究表明，该病病原具有多样性，公开报道的有 7 种真菌和 2 种细菌。真菌病原有交链格孢 *Alternaria alternata*（F.）Keissler.、毁灭茎点霉 *Phoma destructive* Plowr.、壳梭孢 *Fuscoccum* Sp.、小穴壳菌 *Dothiorella gregaria* 等。

【发病规律】

风雨作用使果面摩擦而造成的伤痕是病菌性病害侵染枣果的途径之一，椿象等害虫咬伤枣果也可使病菌入侵而引发该病。病菌进入枣果后 3 天，外果皮即出现淡黄色病斑，边缘浸润型，无明显界限，在放大镜下可看到针刺状褐色小点。之后外果皮呈现暗红色无光泽病斑。剖开果皮，果肉呈淡黄色，维管束呈深黄褐色。病组织解体坏死，味苦。

偏施氮肥、枝叶密集、通风不良的间作枣园，会诱发害虫发生，增加了传病媒介，该病发病较重。

病原菌的越冬场所为老树皮、各类枝条、落果、落吊、落叶等。

枣果从梗洼变红（红圈期）生长到 1/3 变红时（着色期），枣肉含糖量达到 18% 以上，此时气温在 23 ～ 26℃，是该病的发生盛期，特别是阴雨连绵或夜雨昼晴的天气，最易暴发流行成灾。枣果采收前 15 ～ 20 天为该病关键防治期。刺吸式口器昆虫的密度同病情指数成正相关，叶蝉、椿象、介壳虫等刺吸式口器害虫及食心虫所造成的伤口易传病。

枣树品种不同，其发病程度也不同。灰枣、木枣和灵枣最易感病，六月鲜、八月炸、九月青、齐头白、马牙枣和鸡心枣较抗病。

【防治方法】

1. 选择抗病品种 根据当地的气候及土质条件，选择适宜的枣树抗病品种。

2. 加强枣园管理 搞好枣园综合管理，提高树体抗病性，是预防和减轻枣缩果病发生和蔓延的根本措施。

（1）早春刮老树皮，在秋冬季彻底清理落叶、落果、落吊，将其集中深埋，以减少病源。

（2）加强土肥水管理，合理整形修剪，改善通风透光条件，增强树势，提高树体的抗病能力；加强抽沟排水，降低土壤、空气湿度。

（3）不在枣园间作高秆作物和与枣树有相同病虫害的作物。

3. 防治传病昆虫 加强对枣树害虫特别是刺吸式口器和蛀果害虫如桃小食心虫、介壳虫、椿象等害虫的防治，可减少伤口，有效减轻病害发生。

4. 药剂防治 根据当地当年的气候条件，决定防治适期。一般年份可在 7 月底或 8 月初喷洒第一遍药，隔 7 ～ 10 天后再喷洒 1 ～ 2 次药。对真菌性枣树缩果病可用 12.5% 烯唑醇可湿性粉剂 3 000 倍液，或 50%多菌灵可湿性粉剂 800 倍液＋ 80%代森锰锌可湿性粉剂 800 倍液，或 70%甲基硫菌灵可湿性粉剂 1 200 倍液，或 10%苯醚甲环唑水分散粒剂 3 000 倍液等。对细菌性枣缩果病可选用抗生素类药剂或者铜制剂等药剂进行防治。同时，结合治虫，可在施用杀菌剂时，加入防治食心虫、椿象等杀虫药剂。

六 枣轮纹病

该病俗称“浆烂病”，分布在我国河南、河北、山东、山西、陕西、安徽、云南等地，除侵染枣、酸枣外，也侵害苹果、海棠等。该病主要为害枣果、枣吊等，1 ~ 2 年生枝条也受其害。果实近成熟期发病，发病后常提前脱落，品质降低，不能食用。

【症状】

枣果感病后，先出现水渍状色小病斑，之后病斑迅速扩大为红色圆形轮纹状，后扩展为圆形凹陷病斑。后期病果表皮下可生黑色粒点，即病菌的分生孢子器，空气湿度大时，自粒点内涌出白色的分生孢子角。严重者果实的 1/3 ~ 2/3 腐烂，甚至全果腐烂。腐烂果肉淡褐色略有酒糟气味，此后失水变为黑色缩果。

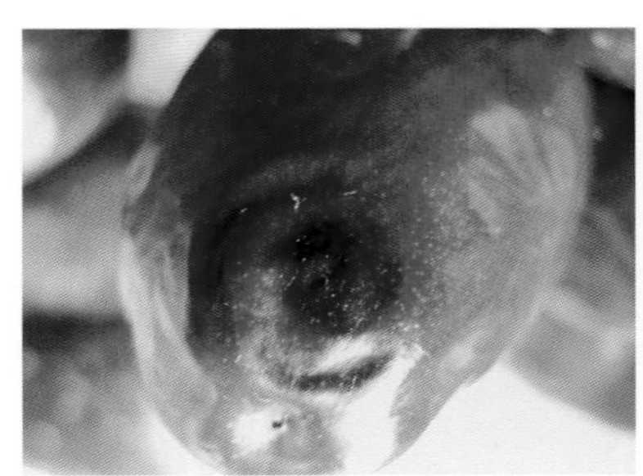

枣轮纹病病斑

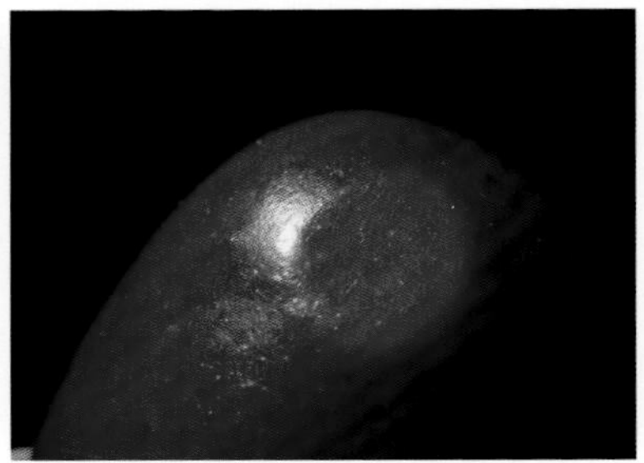

枣轮纹病初期病斑

【病原】

该病病原无性阶段为轮纹大茎点菌 *Macrophoma kuwatsukai* Hara，属半知菌大茎点属，分生孢子器散生或聚生，初埋生后突破表皮，球状，器壁黑色，顶部具乳突，直径 176 ~ 320 微米，孔口圆形，与器壁同色，内壁密生分生孢子。分生孢子丝状，单胞。有性阶段病原为梨生囊孢壳 *Physalospora pinicola* Nose，属子囊菌囊孢壳属，有性阶段不常出现；冬季在落果及其他病组织上形成子囊壳，翌年 2 ~ 3 月可见到成熟的子囊及子孢子。

【发病规律】

病原菌以菌丝体、分生孢子器和子囊壳在发病组织内越冬。翌年春季气候变暖，产生分生孢子，借风传播，进行初侵染，由气孔或伤口侵入幼果及其他部位组织。该病原菌具有潜伏侵染性，初侵染的幼果不立即发病，病菌潜伏在果皮组织或果实层组织内，潜伏期较长，果实停止生长后，转色期或变白期即出现症状，着色期为发病高峰。果实发病后期，可产生分生孢子器与分生孢子，进行再侵染。

此病健壮树发病轻，弱树发病重。降水早而且多的年份发病重，尤以 7 ~ 8 月出现连阴天气时较易流行。枣树行间间作矮秆作物发病轻，间作玉米等高秆作物发病重。防治其他病虫害较好的枣园，树势健壮，伤口少，发病轻。

【防治方法】

1. 人工防治　结合冬春季修剪，及时剪去密集枝、徒长枝，改善通风条件。及时除粗皮，集中处理。生长期及时摘除和捡拾落地病果、虫果、伤果，集中深理，减少病菌再侵果。

2. 农业防治　科学使用多元复合肥，忌偏施氮肥或氮磷肥；春季花期和幼果期追施叶面肥各一次。注意防治病虫害，铲除枣园杂草，使枣树健壮生长，增强抗病能力。

枣园行间不种植玉米、高粱等高秆作物，可以种植花生、马铃薯、蔬菜等矮秆作物，以利通风透光，降低枣园空气湿度，减少病害发生。

3. 药剂防控 早春枣树发芽前，喷洒 3 ～ 5 波美度石硫合剂，或 45% 晶体石硫合剂 80 ～ 100 倍液。生长季节喷药一般应从落花后 10 ～ 15 天开始，半月左右 1 次，需连喷 5 ～ 7 次。具体喷药时间及次数根据降雨情况而定，雨多多喷，雨少少喷，并尽量在雨前喷药。效果较好的药剂为 10% 苯甲环唑水分散粒剂 2 500 倍液，或 430 克 / 升戊唑醇悬浮剂 4 000 倍液，或 70% 甲基硫菌灵可湿性粉剂或 500 克 / 升悬浮剂 1 000 倍液，或 50% 多菌灵可湿性粉剂或 500 克 / 升悬浮剂 800 倍液，或 10% 多抗霉素可湿性粉剂 1 500 倍液，或 250 克 / 升吡唑醚菌酯乳油 2 500 倍液，或 30% 戊唑 · 多菌灵悬浮剂 1 000 倍液，或 41% 甲硫 · 戊唑醇悬浮剂 800 倍液等。

七　枣根霉病

枣根霉病一般在枣果实成熟期以及采收以后运输、贮藏和销售期间发生，桃和其他果实类、蔬菜类均可受害。

【症状】

病果最初出现茶褐色小斑点，后迅速扩大。几天后，病果全面发生绢丝状、有光泽的长条形霉斑，接着产生黑色孢子，因而外观似黑霉。

枣根霉病病果（1）

【病原】

病原菌为根霉菌 *Rhizopus* sp.，属接合菌门接合菌纲毛霉菌目。病菌形成孢囊孢子和接合孢子。孢囊孢子萌发后形成没有隔膜的菌丝。菌丝体呈匍匐状，以

枣根霉病病果（2）

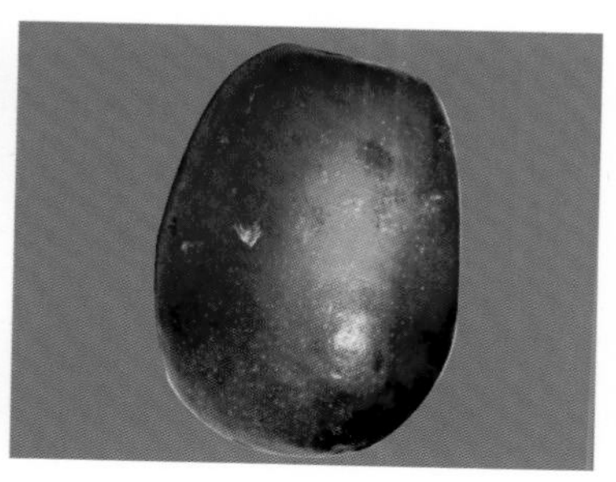

枣根霉病病果（3）

假根着生于寄主体内，菌丝从此部位伸长形成孢囊梗，顶端长出孢囊。

【发病规律】

病菌通过伤口侵入成熟果实。孢囊孢子借气流传播此病，病果与健果接触，也能传染，而且传染性很强。高温高湿特别易于病害发展。

【防治方法】

果实成熟要及时采收；在采收、贮藏、运输过程中，注意防止机械损伤；运输、贮藏最好在低温条件下进行。

八　枣青霉病

枣青霉病是枣贮藏期常见病害。枣树感染该病后，枣果果肉腐烂，组织解体，果胶外溢，果体发黏，具有特异的霉味，影响品质和食用。

【症状】

病果变软，果肉变褐，味苦。病果表面生有灰绿色霉层，即病原菌的分生孢子串的聚集物。聚集物边缘白色，即菌丝层。

枣青霉病病果

【病原】

病原菌为一种青霉菌 *Penicillium* sp.，属真菌中的半知菌类。

【发病规律】

烘制、汆制、真空脱水的红枣，破坏了外果皮原有性能，一旦枣中水分含量高或管理不善，库房湿度大时，容易被青霉菌感染，导致枣果失去应有的商品及食用价值。

【防治方法】

1. 充分脱水 红枣含水量不高于23%，蜜枣含水量不高于20%；将采收的果实用炕烘法及时处理，可减少霉烂。

2. 控制温湿度 存放期控制库房空气相对湿度，不能长期高于80%。雨天闭门窗，晴天开窗通风排放湿气。枣果放在0 ~ 5℃的冷库内贮藏；贮存前要剔除伤果、虫果、病果，注意防止潮湿。

九 枣灰斑病

枣灰斑病又称枣蛙眼病、枣叶斑病。该病分布于全国枣产区，局部为害较重，主要为害枣叶，叶片染病后常造成落叶，影响枣树生长。

【症状】

枣树叶片感病后，初生圆形至近圆形暗色病斑，后病斑边缘色深，中央灰白色，上散生许多黑色小点，即病原菌的分生孢子器。叶片背面常生有灰黑色霉状物。

枣灰斑病叶片病斑（1）

枣灰斑病叶片病斑（2）

【病原】

该病由叶点霉 *Phyllosticta* sp. 侵染所致。分生孢子器球状或扁球状，初埋生于叶片组织中，后外露突破表皮。

【发病规律】

叶点霉病菌以分生孢子器随枣枝残叶遗落在土壤中越冬。翌年在适宜的温度条件下产生分生孢子，借风雨传播，进行初次侵染。发病后，病部产生新的分生孢子，行多次再侵染。高温多雨、空气湿度大、土壤潮湿、植株生长不良等，易引起发病。

【防治方法】

1. 农业防控 落叶后，清扫病叶，集中深理。合理灌水，适时修剪，增施复合肥，枣树生长健壮，增强抗病力。

2. 药剂防控 枣树发病初期，可用 75% 百菌清可湿性粉剂 1 000 倍液，或 70% 代森锰锌可湿性粉剂 500 倍液均匀喷雾。每次喷雾间隔 7 ~ 10 天，连续 3 ~ 4 次。采收前半月停止用药。

十　枣树腐烂病

枣树腐烂病又称枝枯病，侵害幼树和大树，常造成枝条枯死。各地都有发生。

【症状】

该病主要侵害衰弱树的枝条。病枝皮层初期变红褐色，渐渐枯死，之后在枯枝上从枝皮裂缝处长出黑色突起小点，即病原菌的子座。

枣树腐烂病为害状

枣树腐烂病病株

【病原】

该病病原菌属于真菌的壳囊孢菌 *Cytospora* sp.。分生孢子器生于黑色子座内，多室，形状不规则。分生孢子小，呈香蕉形或腊肠形，无色。

【发病规律】

病原菌以菌丝体或子座在病皮内越冬。翌年形成分生孢子，通过风雨或昆虫等传播，经伤口侵入。该菌为弱寄生菌，先在枯枝、死节、干桩、坏死伤口等组织上潜伏，然后逐渐侵染活组织。枣园管理粗放，树势衰弱，则容易感染该病。

【防治方法】

1. 加强管理 多施农家肥料，增强树势，提高抗病力；彻底剪除树上的病枝条，集中烧毁，以减少病害的侵染来源。

2. 发芽前药剂防治 在枣树发芽前喷施1次铲除性药剂，杀灭树上越冬病菌。效果较好的药剂有41%甲硫·戊唑醇悬浮剂500倍液，或60%铜钙·多菌灵可湿性粉剂400倍液，或79%硫酸铜钙可湿性粉剂400倍液等。

十一　枣树木腐病

枣树木腐病俗称枣树腐朽病、枣树腐木病等。该病广泛分布于全国各大枣产区。本病也为害苹果、花椒等树木。枣树的受害部位主要是主干和大枝，受害部往往腐朽脱落，严重者可致枣树死亡。

【**症状**】

病菌侵害枣树树干，或大枝树皮及边材木质部，致使受害部腐朽并脱落，露出本质部。同时病菌向四周健康部位扩散，形成大片溃疡状病斑，后期在死亡的皮及木质部上散生或群生覆瓦状子实体，严重者造成树枯死。

枣树木腐病树枝枯萎

覆瓦状子实体

枣树木腐病为害状

【病原】

该病由裂褶菌 *Schizophyllum commune* Fr. 寄生引起，属于担子菌裂褶菌属。子实体（担子果）常呈覆瓦状着生，菌盖 6 ~ 42 毫米，质柔，白色或灰白色，上具线毛或粗毛，扇状或肾状，边缘向内卷，有多个裂瓣；菌褶窄，从基部辐射而出，白色至灰白色，有时淡紫色，沿边缘纵裂反卷，担孢子无色、光滑、圆柱状。

【发病规律】

病菌在干燥条件下，菌褶向内卷曲，子实体在干燥过程中收缩，起保护作用。如环境温湿度适宜，如雨后，子实体表面绒毛迅速吸水恢复生长，在数小时内释放出孢子进行传播蔓延。病菌可从机械伤口如修剪口、锯口和虫害伤口侵入，引起发病。树势衰弱，特别是树龄高的衰弱老枣树，抗病能力差，易感病。

【防治方法】

1. 加强枣园管理 发现枯死或衰弱老树，要及早挖除或烧毁；对树势衰弱或树龄高的枣树，应合理配方施肥，恢复树势，以增强抗病能力。发现病树长出子实体以后，应及时摘除，集中深埋，并在病部涂 1%硫酸铜溶液消毒。

2. 减少伤口 保护树体可以有效预防本病。锯剪口要涂 1%硫酸铜溶液，或1.8%辛菌胺水剂 10 ~ 15 倍液消毒，促进伤口愈合，减少病菌侵染，避免该病发生。

十二 枣煤污病

枣煤污病又称枣黑叶病、枣黑霉病、枣煤烟病、枣煤病，分布于全国各地枣产区。本病除为害枣、酸枣外，还为害各种果树和林木。枣树受害部位主要为枣叶、嫩梢及果实，严重发生时叶片布满煤烟状霉层，影响光合作用，造成减产。

【症状】

枣煤污病

枣煤污病初期叶片表面生出暗褐色霉斑，有的稍带灰色，或稍带暗色，以后随着霉斑的增大、增多，整个叶面会呈现一层黑色霉状物（菌丝和各种孢子），似烟熏状。末期在霉层上散生黑色小粒点（子囊壳），此霉层有时可以剥离，或被暴雨冲掉。由于叶片被黑色霉层所覆盖，妨碍光合作用而影响枣树生长发育。

【病原】

病原菌 *Capodium* sp. 属于子囊菌煤炱属。病原菌在枣树枝、叶表面着生。子囊壳于菌丝体之上，呈长颈瓶形，顶端膨大呈球状、头状，子囊棒状至圆柱状，内含子囊孢子 6 ~ 8 枚，子囊孢子长椭圆形、砖格形，无色或暗色，有 3 ~ 4 个横隔膜，深褐色。

【发病规律】

本病多伴随蚜虫、介壳虫的活动而发生。病菌以菌丝及子囊壳在病斑上越冬，翌年由病斑处飞散出孢子，借风雨和介壳虫传播。病菌在寄主上并不直接为害，但妨害光合作用而影响结果。一般在蚜虫、介壳虫和斑衣蜡蝉发生严重时，该病发生也相应严重。空气湿度高、树冠枝叶茂密、通风不良等环境也易于发生该病害。

【防治方法】

1. 人工防控　介壳虫发生严重时，及时剪除被害枝条，集中处理。注意枣树整形修剪，使枣树通风透光，降低湿度，以减轻枣煤污病的发生。

2. 药剂防控　介壳虫发生时，早春枣树发芽前，喷布 5 波美度石硫合剂，或 45%晶体石硫合剂 100 倍液，或 97%机油乳剂 30 ~ 50 倍液，要求喷布均匀、周到。

生长期当蚜虫、介壳虫同时发生时，于介壳虫雌虫膨大前，喷布 40%敌敌畏乳油 800 倍混合 800 倍煤油，或 1%洗衣粉溶液混合 1%煤油，或 1.8%阿维菌素乳油 3 000 倍液，或 10%吡虫啉水分散粒剂 1 500 倍液，或 3%啶虫脒可湿性粉剂 2 000 倍液。

十三 枣白腐病

枣白腐病又称枣叶白腐病。该病分布于我国河南、河北、安徽、云南、广西、四川、重庆等产地。该病主要为害枣叶，也为害枣果，严重时造成枣树落叶、落果。

【症状】

枣树叶片感病后，叶面上产生大小不等的圆形、近圆形或不规则病斑，后期病斑较大，中央灰白色，边缘暗色，后期在病斑处产生黑色小点，即病原的分生孢子器。果实感病后，果面产生近圆形黄色斑病，边缘呈暗褐色，后期病斑上产生许多小黑点。

枣白腐病病斑（1）

枣白腐病病斑（2）

【病原】

该病由橄榄色盾壳霉 *Coniothyrium* sp. 侵染而引起。分生孢子器先着生于叶片和果实表皮下，以后露出，黑色呈亚球状，有孔口。分生孢子梗短，分生孢子小，椭圆形或圆形。

【发病规律】

病原菌主要以分生孢子器和菌丝体随病残体在地面和土壤的上中层越冬。翌年产生分生孢子，借雨水传播，侵染叶片引起初次发病。以后在病斑处又产生分生孢子器及分生孢子，分生孢子萌发后进行多次再侵染叶片和果实。高温高湿的气候条件下病害易发生和流行。夏秋多雨年份或枣树密度大、枝叶茂密，透光不良，易于发生病害。

【防治方法】

1. 农业防治　注意枣树的整形修剪，行间不种玉米等高秆作物，保持枣园通风透光。及时清扫落叶、病果，剪除枯枝、病虫枝，集中深埋。

2. 药剂防治　发病初期，喷50%多菌灵可湿性粉剂800倍液，每次间隔10 ~ 15天，共2 ~ 3次。

十四　枣焦叶病

该病原名枣焦叶，又名枣叶焦边病，枣树感病后，枣叶外缘向内焦枯，提前发黄脱落，幼果瘦小早落。

【症状】

发病初期叶片在叶缘出现灰色斑点，逐渐扩大，病斑呈褐色，周围淡黄色，经20余天出现淡黄色叶缘，病斑扩展相连成黑褐色焦叶并卷曲，部分出现黑色小点。与枣吊感病的区别为，病叶皮层变褐坏死，多数由顶端向下枯死。

枣焦叶病为害状

枣焦叶病病斑（1）

枣焦叶病病斑（2）

【病原】

此病由一种盘长孢炭疽菌 *Gloeosporium* sp. 侵染而引起，属于半知菌类，黑盘孢目，盘长孢属。分生孢子盘埋生或半埋生，稀疏着生，分生孢子盘黑褐色至黑色，成熟后突破表皮外露。分生孢子梗不分枝，无色；分生孢子卵圆形或椭圆形单胞。

【发病规律】

该病病原菌属于弱寄生菌，在枯叶内越冬。翌年产生分生孢子，靠风力传播，由气孔或伤口侵染。7 ~ 8 月为发病盛期，气温 27℃，大气相对湿度 75% ~ 80%病原菌最易流行。凡树势衰弱，树冠内枯死枝多者，发病重。降水次数多，病害蔓延速度快。不同枣树品种抗病性不同。重病树在 9 月中下旬出现二次萌芽，新叶生出后重新感染发病。

【防治方法】

1. 农业防治　冬春季清除枣园内枯枝落叶，并打掉树上宿存的枣吊，集中处理。春季萌芽后，剪除未发芽的枯枝，减少传染源。

2. 药剂防治　在 6 ~ 8 月发病期，用 25%戊唑醇乳油 2 000 倍液，或 10%苯醚甲环唑水分散粒剂 2 000 倍液喷雾。

十五　枣曲霉病

【症状】

枣曲霉病主要为害果实，多从果实近成熟期开始发生，造成果实呈淡褐色至褐色腐烂。病斑表面产生初期灰白色、渐变为黄色或者褐黑色的“大头针”状霉状物，腐烂果实有霉酸味。

【病原】

病原有黄曲霉 *Aspergillus flavus*、黑曲霉 *Apergillus niger* N. Tiegh 等，均属半知菌丝孢纲丝孢目。病斑表面的霉状物为病菌的分生孢子梗和分生孢子。

枣曲霉病病果

【发病规律】

曲霉病可由黄曲霉、黑曲霉引起，均为弱寄性真菌，在自然界广泛存在。该病主要借助气流传播，通过各种伤口侵染为害，果实有裂伤、虫伤最易染病。果实近成熟期至果后晾晒期，阴雨、潮湿、多雾易诱发该病，结果量过大、钙肥不足、果实裂伤较重时病害发生严重。

【防控技术】

1. **加强栽培管理**　增施农家肥等有机肥，配合使用速效钙肥

（根施与喷雾相结合）。合理调节结果量，干旱季节及时灌水，雨季注意排水。

2. 减少伤口 尽量减少果实生长裂伤。注意防控为害果实的各种害虫，避免果实遭受虫伤。采收后遇阴雨、潮湿多雾气候时，尽量采用烘干房烘干处理，加速降低果实含水量，控制枣曲霉病发生。

十六　枣疯病

枣疯病又称“枣树扫帚病”，是我国枣树上一种严重的病害。发病树很少结果，所以病树又称“公枣树”，一般发病 3 ～ 4 年后整株死亡，对生产威胁极大。我国北京、河北、山东、山西、河南、陕西、甘肃、新疆、辽宁、安徽、广西、湖南、江苏、浙江等省（区）均有不同程度的发生，其中，以河北、山西、山东、河南等省发病最重。

【症状】

枣疯病主要是侵害枣树和酸枣树。一般于开花后出现明显症状。主要表现为花变叶和主芽的不正常萌发，造成枝叶丛生现象。

1. 花变叶　花器退化，花柄延长，萼片、花瓣、雄蕊均变成小叶，雌蕊转化为小枝。

2. 丛枝　病株 1 年生发育枝上的正芽和多年生发育枝上的隐芽均萌发成发育枝，其上的芽又大部分萌发成小枝，如此逐级生

枣疯病（1）

枣疯病（2）

枣疯病丛生枝叶

枣疯病冬季症状（中间丛枝株）

枣疯病花变叶（左）与健株（右）对比

枣疯病果实凹凸不平容易落果

枣疯病枝梢秋季症状

枣疯病植株花变叶（右为病枝，左为健株）

枝。病枝纤细，节间缩短，叶片小而萎黄。

3. 叶黄　先是叶肉变黄，叶脉仍绿，以后整个叶片黄化，叶的边缘向上反卷，暗淡无光，叶片变硬变脆，有的叶尖边缘焦枯，严重时病叶脱落。花后长出的叶片都比较狭小，具明脉，翠绿色，易焦枯。有时在叶背面的主脉上再长出一片小的明脉叶片，呈鼠耳状。

4. 果实　病花一般不能结果，或结果易落。病株上的健枝仍可结果，果实大小不一，果面着色不均，凹凸不平，凸起处呈红色，凹处是绿色，果肉组织松软，不堪食用。

5. 根部　疯树主根由于不定芽的大量萌发，往往长出一丛丛的短疯根，同一条根上可出现多丛疯根。枝叶细小、黄绿色，有的经强日照射枯死呈刷状。后期病根皮层腐烂，严重者全株死亡。

枣疯病植株花变叶（1）

枣疯病植株花变叶（2）

枣疯病植株叶片丛生

枣疯病植株叶片丛生变黄枯死（1）
（右边为健株）

枣疯病植株叶片丛生变黄枯死（2）

枣疯病植株叶片丛生变黄枯死（3）

【病原】

枣疯病病原菌为植原体 Phytoplasma，是介于病毒和细菌之间的多形态的质粒，无细胞壁，仅以厚度约 10 纳米的单位膜所包围。植原体易受外界环境条件的影响，形状多样，大多植原体的繁殖方式有二分裂、出芽生殖、在细胞内部生成许多小体再释放出来等形式。植原体对四环素族药物（四环素、土霉素、金霉素、氯霉素等）非常敏感。使用这类药物可以有效地控制病害的发展。对症状轻的病株施药后可使症状减轻或消失。类菌原体侵染枣树后，分布在韧皮部筛管细胞中，其次为伴胞。类菌原体主要通过筛板孔，随着树体的养分一起运转。

【发病规律】

病原菌可通过各种嫁接方式，如皮接、芽接、枝接、根接等传染。在自然界，中国拟菱纹叶蝉、橙带拟菱纹叶蝉、凹缘菱纹叶蝉等均是传播媒介。凹缘菱纹叶蝉一旦摄入枣疯病类菌原体后，则能终生带菌，可陆续传染许多枣树。至于土壤、花粉、种子、汁液及病健根的接触均不能传病。

发病初期，病情多半是从一个或几个大枝及根蘖开始，有时也有全株同时发病的。症状表现是由局部扩展到全株，所以，枣疯病是一种系统性侵染病害。发病后，小树 1 ~ 2 年，大树 5 ~ 6 年，即可死亡。当年实生苗得病后仅能存活 3 ~ 5 个月。

土壤干旱瘠薄、肥水条件差、管理粗放、病虫害严重、树势衰弱者发病重，反之则轻。易感病品种有梨枣、冬枣、婆枣等品种。

【防治方法】

1. 修除病枝、彻底挖除重病树和病根孽 枣树发病后不久即会遍及全株，并成为传染源，应及早彻底刨除病株，并将大根一起刨干净，以免再生病蘖。对小疯枝应在树液向根部回流之前，阻止类菌原体随树体养分运行。从大分枝基部砍断或环剥，类菌原体到根部下行不超过砍断或环剥部位时即可治愈。连续 2 ~ 3 年，可基本控制枣树疯病的发生。

2. 培育无病苗木 应在无枣疯病的枣园中采取接穗、接芽或分根繁殖，以培育无病苗木。提倡在苗圃播种酸枣种子，以此酸枣苗为砧木嫁接品种大枣接穗，然后移栽到枣园内，由于酸枣种子不带菌，所以只要接穗不带菌，嫁接苗就无病。苗圃中一旦发现病苗，应立即拔掉。

3. 选用抗病品种和砧木 选用骏枣 1 号、星光枣、醋枣、壶瓶枣、蛤蟆枣等抗病品种。选用抗病的酸枣和具有枣仁的大枣品种作砧木，以培育抗病品种。

4. 接穗消毒 对有可能带病的接穗，用 0.1% 盐酸四环素液浸泡 0.5 小时消毒防病。

5. 药物治疗 对发病轻的枣树，用四环素族药物治疗有一定效果。

6. 防治传毒媒介 消除杂草及野生灌木，减少虫媒滋生场所。6 月前喷药防治枣尺蠖时即可兼治虫媒叶蝉类，或在 6 月下旬至 9 月下旬喷 10% 吡虫啉可湿性粉剂 3 000 倍液等以防治虫媒。

7. 严格检疫 从病区引进接穗要检疫，采用灵敏的巢式PCR（聚合酶链式反应）技术检测或在无病区建立无病采穗圃。对枣园周围的酸枣疯病病树进行清理，新建枣园应远离酸枣疯病发生的地块。

十七　枣树花叶病

枣树花叶病在枣产区时有发生。苗木和大树的嫩梢叶片受害明显，影响枣树的生长和枣的产量。

【症状】

病树叶片变小、扭曲、畸形，在叶片上呈现深浅相间的花叶状，发病枣果有时畸形。

枣树花叶病（1）

枣树花叶病（2）

枣树花叶病（3）

枣树花叶病果实果面凸凹不平、畸形

【病原】

病原为枣树花叶病毒 *Jujube mosic virus*（JMV）。

【发病规律】

枣树花叶病主要通过叶蝉和蚜虫传播，嫁接也能传病。天气干旱，叶蝉和蚜虫数量多，发病就重。

【防治方法】

1. 加强栽培管理 增强树势，提高抗病能力。嫁接时不从病株上采接穗，发病重的苗木要烧毁，避免扩散。

2. 防治传毒媒介 从 4 月下旬枣树发芽期开始喷药，可喷施药剂防治媒介叶蝉。

十八　枣树冠瘿病

枣树冠瘿病又称枣树癌肿病、枣树瘤病。我国枣树栽培区此病都有不同程度的发生。该病主要为害枣树的主干、主枝和侧枝，在这些部位长出大小不同的瘤状物。严重者主干和主枝布满瘤状物，致使树体衰弱，叶片黄化早落，甚至濒临死亡。该病也为害葡萄、苹果、梨、核桃、板栗及杨、柳等果树和林木。

【症状】

枣树冠瘿病为害状

病菌多从伤口处侵入，在病原细菌的刺激下，植株细胞迅速分裂而形成大小不一的癌瘤。发病初期，在病部形成圆形、椭圆形或形状不规则的淡黄色小瘤。瘤体表面光滑柔软，随着病情发展逐渐增大，并变为褐色至深褐色，表皮细胞枯死破裂，瘤体粗糙，质地坚硬。幼树在木质部不规则增生、坏死。严重时主干、主枝布满瘿瘤，致使树体枝叶稀疏、生长瘦弱，结果量减少，甚至整株枯死。

【病原】

该病是由冠瘿土壤杆菌 *Agrobacterium tumefaciens*（Smith Towus）Con. 侵染所引起的细菌病害。菌体短杆状，大小为（0.6 ~ 1.0）微米 ×（1.5 ~ 3）微米，生少量短鞭毛，但有的无鞭毛。在枣树瘿瘤内细菌很少，很难从瘤体内分离出来。

【发病规律】

冠瘿土壤杆菌是一种土壤习居菌，在土壤中存活时间较长，一般在土壤内未分解的病残体中可存活 2 ~ 3 年，单独在土壤中仅能存活 1 年，随病残体的分解而死亡。病菌借雨水和灌溉水传播，带病苗木或接穗可远距离传播。病菌通过修剪、嫁接、扦插、虫害、冻伤或人为造成的伤口侵入，侵入后刺激寄主细胞组织增生形成肿瘤。温湿度与发病有密切关系，田间温度在 18 ~ 26℃，降雨多，田间湿度大，病害发展快，病情严重。地势较高的沙壤土病害较轻，反之，地势低洼、土壤黏重发病严重；疏松的弱碱性土壤发病重，而酸性黏重土壤感病较轻。

【防治方法】

1. 苗木防病 禁止从病区调入苗木、接穗，用无病苗木是控制病害蔓延的重要措施。育苗应选择弱酸性土壤，或适当增施酸性肥料，使土壤呈微酸性，可抑制此病发生。

2. 加强枣园管理 增施有机肥，适量灌水，增强树势，提高抗病能力。加强树体和根部保护，及时防治地下害虫，减少各种伤口，以减少被病菌侵染的机会。

3. 药剂防控 发现肿瘤及时刮除，用 80% 乙蒜素（抗菌剂 402）乳油，或托福油膏涂抹伤口消毒。如发现大树有病，应刨去病根或切除肿瘤，在伤口处涂抹波尔多浆、石硫合剂消毒。

十九　日本菟丝子

日本菟丝子在我国南北方都有分布，寄生于各种作物为害，局部地区为害严重。

【症状】

日本菟丝子可为害枣、柑橘、梨、苹果、桃等多种果树和林木。日本菟丝子以无叶细藤缠绕枣树枝条，产生吸器从寄主体内吸取养料和水分，幼树受害后生长衰弱，最后枯死，大树受害后树势衰弱。

日本菟丝子为害枣树（1）

日本菟丝子为害状枣树（2）

【病原】

日本菟丝子 *Cuscuta japonica* Choisy 属一年生寄生性草本种子植物。幼嫩时，茎为乳白色，1 ~ 2 天后变为淡黄色，以后变为紫红色。无根无叶。一般茎粗 1 ~ 2 毫米，茎多分枝，上有紫褐色斑点。吸器为楔形。种子卵圆形，多数略呈扁平，初为淡黄色，后渐变为淡绿色，最后变为淡紫红色，无毛，无光泽，一端钝圆，一端稍尖。每果有种子 1 ~ 4 粒。

【发生规律】

日本菟丝子以种子在土壤中越冬,4月下旬至5月上旬发芽，以茎尖在空中呈逆时针方向转动，遇枣树即攀缠其上。一般寄生在枣树的一二年生较嫩枝条。9 月中下旬长出花蕾，9 月下旬至 10 月上旬为盛花期，10 月中旬至 11 月上旬为盛果期。种子在土中保持生活力可达 2 年以上。夏季出苗后以地上茎缠绕寄主建立初步的寄生关系，后地上茎继续伸长并不断产生分枝覆盖整个树冠。

【防治方法】

1. 人工防治 5 月上旬前，清除杂草，消灭桥梁寄主；在日本菟丝子发生初期至结籽前，及时拔除日本菟丝子植株。

2. 化学防治 在 5 月中旬左右，地面喷洒 48% 仲丁灵乳油，每亩每次喷施 400 ~ 500 毫升。

二十 枣缺硼缩果病

该病在局部枣产区发生，枣树缺硼时，枝梢停止生长，叶片扭曲，枣果畸形，严重时引起落花、落果。

【症状】

枣树缺硼时，首先枝梢顶端停止生长，从早春开始发生枯梢，到夏末新梢叶片呈棕色幼叶畸形，叶片呈扭曲状，叶柄紫色，顶梢叶脉出现黄化，叶尖、叶缘出现坏死斑，而后生长点死亡，并由顶端向下枯死；花器发育不健全，落花落果严重。所结果实大量出现缩果畸形，病果表面凹凸不平，果肉维管束呈现红褐色木栓化，严重时为生硬的褐色斑块状，不能食用。

枣缺硼缩果病果实表面凸凹不平

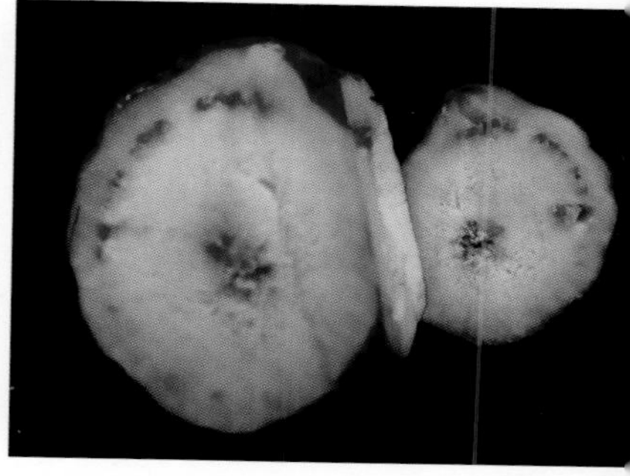

枣缺硼缩果病果实剖面维管束变褐色坏死

【病因】

缺硼是导致枣缩果病的主要原因。缺硼时果面凹凸不平。硼元素在树体组织中不能贮存，也不能由老组织转移到新生组织中去，因此，在果树生长过程中，任何时期缺硼都会导致发病。

一般山地沙石土、棕壤土中，水溶性硼含量比较低，处于潜在缺硼状态。这类土壤土层薄，缺乏腐殖质和植被保护，遇到雨水冲刷易造成缺硼。土壤 pH 值为 5 ~ 7 时，硼的有效性最高；土壤偏碱性或施用石灰过多，钙离子与硼酸根结合成为不溶于水的偏硼酸钙，不能被果树吸收利用，从而易导致果树发生缺硼病。土壤过度干燥，特别在 5 ~ 7 月降水少，也会影响果树根部对硼的吸收。气候干燥，土壤严重缺水，硼的移动和吸收受到抑制，可诱发缺硼。特别是清耕制山地果园，缺硼更重。

【预防方法】

1. 加强栽培管理 增施有机肥料，广种绿肥，合理使用化肥；改良土壤，山地瘠薄地应进行深耕改土、压土增厚土层、加强水土保持。

2. 增施硼肥 叶面喷硼可用 0.2% ~ 0.3% 的硼砂溶液，每 7 ~ 10 天 1 次，通常喷 2 ~ 3 次即可。土施硼肥时，每树施 10 ~ 20 克硼砂。无论是土施还是叶喷，都要掌握均匀、适量标准，以防硼中毒。

二十一　枣树缺铁症

枣树缺铁症又叫黄叶病。在我国各枣区均有零星发生，主要分布在山西、陕西、河南、甘肃等地。常发生在盐碱地或石灰质过高的地方，以及园地较长时间渍害，以苗木和幼树受害最重。缺铁易导致枣树营养不良，生长代谢失衡，影响枣树生长。

【症状】

枣树缺铁时，新梢上的叶片变为黄色或黄白色，而叶脉仍为绿色，严重时顶端叶片焦枯。

枣树缺铁黄叶，叶脉残留绿色

枣树缺铁新梢黄叶

【病因】

土质碱性、含有大量碳酸钙以及土壤湿度过大时，植株易缺铁。含锰、锌过多的酸性土壤，铁易变为沉淀物，不利于植物根系吸收。土壤黏重、排水差、地下水位高的低洼地，春季多雨，入夏后急剧高温干旱，均易引起植株缺铁黄化。

【防治方法】

1. 改良土壤 改良土壤，释放被固定的铁元素是防治黄叶病的根本性措施。春旱时用含盐低的水灌浇压碱，减少土壤含盐量；采用喷灌或滴灌，不能采用大水漫灌；雨季注意排水，保持果园不积水，土壤通气性良好。

2. 叶面喷铁 缺铁发病重的果园，发芽前喷 0.3% ~ 0.5%硫酸亚铁溶液。在生长季节喷 0.1% ~ 0.2%硫酸亚铁溶液，或柠檬酸铁溶液，间隔 20 天喷 1 次。

二十二　枣生理缩果病

枣生理缩果病又名枣生理缩果症，属于挂果过多、营养供不应求引起的生理病。该病分布于全国各地枣产区，发病后果实失水、皱缩、变红，易脱落，失去商品价值。

【症状】

该病与枣缺硼缩果病的区别主要是果实表面没有侵染性病斑。该病从果实膨大期至近成熟期都可以发病，有时发生较早，有时发生较迟。

枣生理缩果病病果（1）

枣生理缩果病病果（2）

枣生理缩果病病果（3）

【病因】

枣生理缩果病发生原因主要是挂果量过大、枣锈病引起早期落叶等，致使树体养分供不应求。过量喷施赤霉素促进坐果，也可诱发该病发生。施肥不足、土壤瘠薄、树势衰弱，可加重生理缩果病的发生。

【预防方法】

1. 加强肥水管理 增施农家肥、绿肥等有机肥，按比例施用氮肥、磷肥、钾肥和微肥；干旱季节及时灌水、保证树体养分及时供应，可有效控制枣生理缩果病发生。

2. 喷施赤霉素 科学适量喷施赤霉素，根据土壤营养水平合理结合喷施，防止缩果病发生。

3. 叶面追肥 枣树生长期，尤其在果实膨大期至着色期，及时喷施磷酸二氢钾、尿素等，可在一定程度上减轻枣生理缩果病的发生。

4. 防治病虫害 注意防控造成枣叶脱落的病虫害，如枣锈病、叶螨等，保持叶片正常功能。

二十三　枣裂果症

枣裂果症在我国各产枣区均有发生，在枣果接近成熟如雨水多时，发生较严重。

【症状】

果实将近成熟时，如连日下雨，果面裂开缝，果肉稍外露，随之裂果腐烂变酸，不能食用。果实开裂后，易引起病原菌侵入，导致果实的腐烂变质。

枣裂果容易引起软腐

枣环形裂果

枣裂果（1）

枣裂果（2）

枣裂果（3）

【病因】

该病为生理性病害，主要是夏季高温多雨，果实接近成熟时果皮变薄等因素所致，也可能与缺钙有关。易裂品种有骏枣、赞皇枣、梨枣、团枣、晋枣；较抗裂品种有茶壶枣、油枣、木枣、灵宝圆枣、金丝小枣等。

【防治方法】

1. 选择适宜品种 建园时选择抗裂品种，或在雨季后成熟的晚熟品种，以及适宜在白熟期采收加工的品种，这样可以尽量避免造成裂果损失。

2. 加强土肥水管理 施肥应选择营养全面的有机肥、复合肥、生物菌肥等，不要单纯施化肥。正常年份，在采果后至发芽前的晚秋早施腐熟基肥，浇好底水，花前期和幼果期及时追肥浇水；雨水较多年份，当枣果进入白熟期要及时排水，并保持土壤疏松，避免杂草丛生、土壤板结，保持树体健壮生长，提高抵御抗裂果的能力。

3. 避雨栽培 避雨栽培是平地枣园裂果防控的最有效方法。搭建遮雨棚，通过拱棚内喷灌、滴灌、渗灌和防雨布开闭等措施调节土壤水分和空气湿度，不但能减少裂果，还具有减轻病害、提高果实商品性等优点。枣树在成熟季节采用避雨栽培措施，可有效防止裂果发生，如可采用可伸缩的新型避雨棚，预防枣裂果效果显著。

4. 合理修剪　注意通风透光，有利于雨后枣果表面迅速干燥，减少发病。

二十四 枣日灼病

该病在我国北方枣产区均有发生。

【症状】

枣果面发生圆形或不规则斑块，后变为褐色坏死斑，斑块仅发生在果实皮层。主干、大枝感病后在向阳面产生不规则焦块，易遭腐烂病菌侵染。

枣日灼病果实提前变色裂果

枣日灼病果实提前变色

【病因】

该病属于强日光照射、温度升高而灼伤引起的生理病。强光直射果面和树枝干，局部蒸腾作用加强，温度升高引起灼伤。尤其是在幼果的生长过程中，如出现光照强和温度高的气候条件，极易导致果实日灼病。

【发病规律】

日照时间长、强度大，发病重；早熟品种发病重，中熟品种次之，晚熟品种发病较轻。土壤水分供应不足，修剪过重，病虫为害重导致早期落叶，尤其是保水不良的山坡地或沙砾地，夏季久旱或排水不良等，均易导致该病发生。

【防治方法】

1. 加强果园管理　果园适时灌水，及时防治其他病害，保护果树枝叶齐全和正常生长发育，有利于防止该病。

2. 人工防治　在易发生该病的果园，可进行树干涂白；修剪时，西南方向多留些枝条，可减轻该病的为害。

二十五 枣树落花落果

枣树在开花结果过程中，容易发生落花落果，各地都有发生。

【症状】

枣花开放后，没有受精的花果不能产生内源激素刺激子房生长发育，5 ~ 6天后即枯黄凋落。枣果生长期间，幼果变黄早落。

枣树落花落果

【发生原因】

枣树落花落果原因有多种。

1. 营养供应不足 枣树的花芽是当年分化，当年形成，花量大，使得营养消耗偏多，因花芽分化、开花结果几乎同步，以致常出现营养供应不足现象，而导致大量落花落果。

2. 授粉受精不良 空气湿度过低的干热风抑制花粉萌发，低温妨碍传粉昆虫活动，阴雨连绵引起花粉吸水胀裂等，均不利于授粉，导致坐果率低。

3. 病虫害为害 枣锈病大量发生易引起早期落叶，影响养分制造与积累，也可造成落果。椿象为害枣果，也可引起早期落果。

4. 激素平衡失调 乙烯、脱落酸等激素含量较高时，常会引起离层的产生，使得果实容易脱落；而赤霉素、生长素等促进生长的激素比例占优势时，果实则不易脱落。

【预防方法】

1. 加强园水管理　花期灌水、喷水是枣树肥水管理的一项重要措施。枣怕五月旱，花期水分不足，容易出现焦花、落花，花期灌水可改善果园小气候，增加空气湿度。

2. 叶面喷肥　枣树花期和幼果期叶面应喷0.5%尿素溶液，或0.3% ~ 0.5%的磷酸二氢钾溶液，能明显地促进坐果，并且有增加叶绿素含量、促进果实膨大的作用。

3. 地下追肥　盛花后期施追肥，其用量占全年施肥量的30% ~ 50%。施肥方法为在树冠下挖2 ~ 4条深10厘米、宽30厘米的放射状施肥沟，施入复合肥或有机肥和草木灰。有灌溉条件的地方，施肥后应及时浇水，以促进根系吸收。秋季枣果采收后至落叶前，增施腐熟的优质农家肥，根据树龄每株施50 ~ 150千克，以改善土壤结构，提高土壤肥力。

4. 喷施赤霉素　在盛花初期进行，一般喷施赤霉素浓度为15 ~ 20毫克/升。连续喷施6 ~ 7天为一个周期，日均温度高于23℃时喷施为佳。一至两个周期便可以达到稳产增产的效果，无须持续使用。

5. 枣园放蜂、配置授粉树　枣园花期放蜂，有利于花粉授精，可大大提高坐果率。有些品种雄蕊发育不良，花粉退化，建园时应考虑配置花粉量大的品种为授粉树，来提高坐果率。

6. 夏季修剪　修剪可以控制枝条旺长，使之向开花结果转化，提高产量，改良品质。夏季修剪方法有环剥、环割、断根、抹芽、疏枝、枣头摘心等，可灵活运用，使枣树枝条分层合理分布。

7. 加强病虫害防治　及时防治枣锈病、红蜘蛛等病虫害，防止早期落叶。

第二部分　枣树害虫

一 枣园桃小食心虫

桃小食心虫 *Carposina niponensis* Walsingham，又名桃蛀果蛾，属鳞翅目蛀果蛾科，是蛀害枣果的主要害虫。

【分布与寄主】

该虫在北纬 31° 以北、东经 102° 以东的各枣区普遍发生，是影响枣果产量和质量的主要害虫。除为害枣树外，该害虫还为害苹果、梨、桃、山楂、李、杏、红花、海棠、榅桲、酸枣等。

【为害状】

卵多产于叶片背面基部，小部分产在果实上。幼虫入果后首先在皮下潜食果肉，因而果面上常呈现凹陷的潜痕，使果实变形，造成畸形的“猴头果”。随后幼虫取食果心周围果肉及种子，同时排粪便于果

桃小食心虫为害使果皮变黑

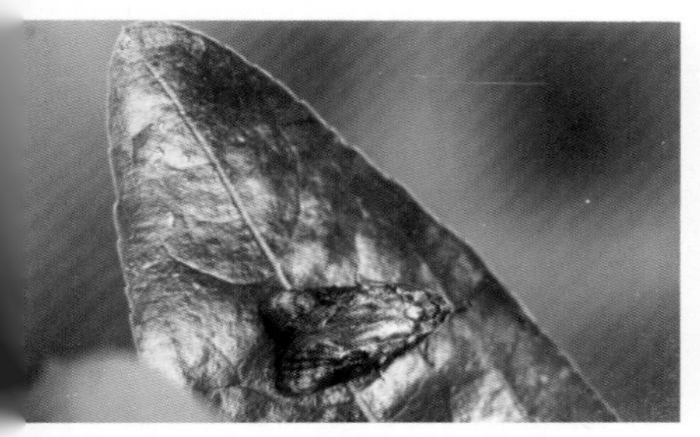
桃小食心虫成虫

桃小食心虫淡红色卵粒

桃小食心虫低龄幼虫

桃小食心虫为害枣果，果提前变红，果外有脱果虫孔及淡红色卵粒

实内及果心种子周围，造成“豆沙馅”。

【形态特征】

1. 成虫　体长 5 ~ 8 毫米，翅展 13 ~ 18 毫米，全身灰褐色。前翅前缘近中部有 1 个蓝黑色近似三角形的大斑，翅基部及中央部分具有黄褐色或蓝褐色的斜立鳞毛，后翅灰白色。

2. 卵　椭圆形，初产时淡红色，之后渐变为深红色。卵壳上有许多近似椭圆形的刻纹，顶部环生 2 ~ 3 圈“Y”形毛刺。

3. 幼虫　末龄幼虫体长 13 ~ 16 毫米，头褐色，前胸背板暗褐色，体背其余部分桃红色，无臀栉。

4. 蛹　体长 6 ~ 8 毫米，淡黄至黄褐色。冬茧扁圆形，茧丝紧密；夏茧纺锤形，质地疏松。

【生活史与习性】

桃小食心虫在我国各枣产区 1 年发生 1 ~ 2 代，在甘肃、宁夏、辽宁枣区 1 年发生 1 代；在河南、山东、安徽多 1 年发生 2 代。以老熟幼虫作冬茧在土中越冬。在平地枣园，若树盘下土层较厚、土壤松软、无杂草或间作物，冬茧主要集中于树冠下，根颈部占

40% 以上。在有间套作物或地形比较复杂的山地枣园越冬茧则比较分散。越冬茧大都垂直分布于 0 ~ 10 厘米土层中，以 3 厘米左右的土层中最多。山地的梯田埝埂、石缝以及果库内也有相当数量越冬茧。翌年越冬幼虫出土的时间，尤其是出土盛期主要受降水情况影响。只要土壤含水量在 5% 以上，前一旬的平均气温达 17 ℃，5 厘米土层温度达 19 ~ 20 ℃，幼虫即可出土。试验表明，枣树桃小食心虫越冬幼虫出土时间一般比同地区苹果树桃小食心虫晚 10 ~ 20 天。春季降水及时，降水量集中，幼虫出土高峰期就早而明显。降水晚或降水量分散，出土高峰期往往会随降水情况出现多次。长期缺雨干旱将会推迟幼虫大量出土的时间。在陕北枣区，一般年份越冬幼虫出土从 5 月底 6 月初开始，盛期在 7 月初，可延续到 8 月中旬。幼虫出土后寻找土石块或靠近树干等避光隐蔽的地方，一天内作成夏茧，在其中化蛹。

【防治方法】

1. 树下防治越冬出土幼虫

（1）挖茧：每年冬季或早春，挖围绕树干半径为 90 厘米范围、深 12 厘米的土壤，然后筛出所挖土中的“越冬茧”，并集中处理。

（2）扬土晒茧：每年冬季或早春，把距离枣树树干约 1 米，深 16 厘米的表土铲起撒于田间，并把贴于根茎上的虫茧一起铲下，使虫茧暴露在土表，经过冬春的风冷冻而死亡。

（3）培土压茧：在 5 月中下旬，越冬幼虫出土盛期，取树冠以外的土，培于树干周围，培土约 30 厘米厚，可使土中幼虫或蛹 100% 窒息死亡。

2. 农药土壤处理　5 月中下旬，在越冬幼虫出土初期和盛期用 50% 辛硫磷乳剂稀释 30 倍喷到预先备好的细土中，让其吸附，然后将药土撒于树盘地面上，或将原药稀释 100 倍，直接喷雾到树盘，喷药前后都应及时中耕除草，将药剂翻覆于土中。也可用25% 的辛硫磷胶囊等处理土壤。

3. 地膜覆盖　在早春土壤解冻后，把地膜剪成 2 平方米大小，再从一边的中点剪开一条缝直达中心，套于树干基部，两缝边重叠，用细土压紧，地膜四周压于土中，树干基部也要用土压紧，严格封闭，且在桃小食心虫出土期不要损害地膜。

4. 树上防治

（1）性信息素诱捕法：桃小食心虫成虫大量发生时，可用该法大量诱杀，每亩挂 8 个性诱捕器，诱捕器间距大于 20 米。

（2）清除虫枣 :7 月下旬以后，集中摘除虫果（提前着色者）、捡拾落果，并进行有效处理。

（3）喷药防治：树上喷药应在成虫羽化产卵和卵的孵化期进行，可用生物农药 Bt 乳剂 1 000 倍液，或青虫菌 6 号悬浮剂 1 000 倍液喷雾；也可选用毒性低的化学农药，如 50% 杀螟硫磷乳油 1 000 倍液，或 10% 氯氰菊酯乳油 3 000 倍液，或20% 氰戊菊酯乳油 2 000 ~ 3 000 倍液等。喷药时最好由树冠下部往树冠顶部喷。第 1 代卵发生期内应间隔 20 ~ 25 天连续喷药两次，以后第 2 代卵发生期，根据卵果率调查情况必要时再喷一次药。

二 枣园桃蛀螟

枣园桃蛀螟 *Conogethes punctifemlis* Grenee，又名豹纹斑螟，属鳞翅目螟蛾科。

【分布与寄主】

本螟在我国南北方都有分布。幼虫为害枣、桃、梨、苹果、杏、李、石榴、葡萄、山楂、板栗、枇杷等果树的果实，还为害向日葵、玉米、高粱、麻等农作物及松杉、桧柏等树木，是一种杂食性害虫。

【为害状】

果实被害后，蛀孔外堆积黄褐色透明胶质及虫粪，受害果实常变色脱落或胀裂。

枣园桃蛀螟成虫

【形态特征】

1. **成虫**　体长 9 ~ 14 毫

枣园桃蛀螟为害枣果

枣园桃蛀螟在枣果处化蛹

米，全体黄色，前翅散生 25 ~ 28 块黑斑。雄虫腹末黑色。

2. 卵 椭圆形，长约 0.6 毫米，初产时乳白色，后变为红褐色。

3. 幼虫 老熟时体长 22 ~ 27 毫米，体背暗红色，身体各节有粗大的褐色毛片。腹部各节背面有 4 个毛片，前两个较大，后两个较小。

4. 蛹 长 13 毫米左右，黄褐色，腹部第 5 ~ 7 节前缘各有 1 列小刺，腹末有细长的曲钩刺 6 个。茧灰褐色。

【生活史与习性】

该虫在我国 1 年可发生 2 ~ 5 代。河南 1 年发生 4 代，以老熟幼虫在树皮裂缝、僵果、玉米秆等处越冬。翌年 4 月中旬老熟幼虫开始化蛹。各代成虫羽化期为：越冬代在 5 月中旬，第 1 代在 7 月中旬，第 2 代在 8 月上中旬，第 3 代在 9 月下旬。成虫白天在叶背静伏，晚间多在两果相连处产卵。幼虫孵出后，多从萼洼蛀入，可转害 1 ~ 3 个果。化蛹多在萼洼处、两果相接处和枝干缝隙处等，结白色丝茧。

【防治方法】

1. 清除越冬幼虫 冬春季清除玉米、高粱、向日葵等遗株，并将果树老翘皮刮净，集中处理，以减少虫源。

2. 药剂防治 药剂治虫的有利时机是在第 1 代幼虫孵化初期（5 月下旬）及第 2 代幼虫孵化期（7 月中旬）。防治用药参考“枣园桃小食心虫”。

三 枣镰翅小卷蛾

枣镰翅小卷蛾 *Ancylis sativa* Liu，又名枣黏虫、枣小蛾、枣实蛾、枣卷叶虫，属鳞翅目卷蛾科。

【分布与寄主】

此虫分布于我国南北枣产区，如河北、河南、山东、山西、陕西、江苏、湖南、安徽、浙江等地。寄主为枣、酸枣。

【为害状】

幼虫吐丝黏缀食害芽、花、叶和蛀食果实，造成叶片残损、枣花枯死、枣果脱落，对产量和品质影响大。

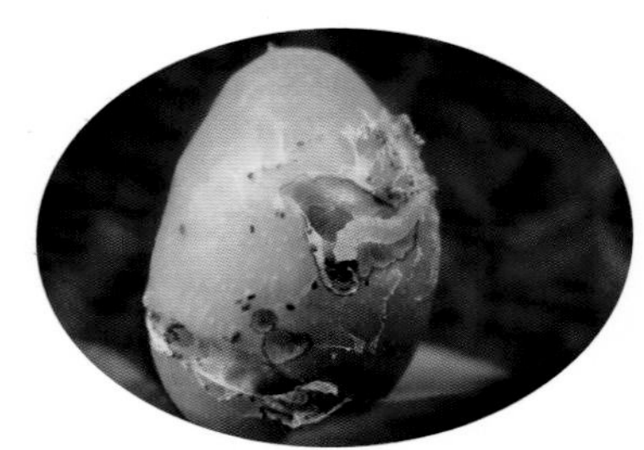

枣镰翅小卷蛾幼虫为害枣幼果

【形态特征】

1. **成虫** 体长6～7毫米，翅展13～15毫米，体和前翅黄

枣镰翅小卷蛾为害形成卷叶状

枣镰翅小卷蛾为害枣树新梢

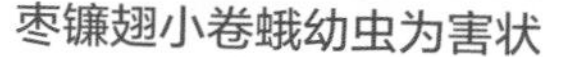
枣镰翅小卷蛾幼虫为害状

枣镰翅小卷蛾成虫

褐色，略具光泽。前翅长方形，顶角突出并向下呈镰刀状弯曲，前缘有黑褐色短斜纹 10 余条，翅中部有黑褐色纵纹 2 条。后翅深灰色，前、后翅缘毛均较长。

2. 卵　扁平椭圆形，鳞片状，极薄，长 0.6 ~ 0.7 毫米，表面有网状纹，初为无色透明，后变红黄色，最后变为橘红色。

3. 幼虫　初孵幼虫体长 1 毫米左右，头部黑褐色，胴部淡黄色，背面略带红色，以后随所取食料（叶、花、果）不同而呈黄色、黄绿色或绿色。成长幼虫体长 12 ~ 15 毫米，头部、前胸背板、臀板和前胸足红褐色，胴部黄白色，前胸背板分为 2 片，其两侧和前足之间各有 2 条红褐色斑纹，臀板呈“山”字形，体上疏生短毛。

4. 蛹　体长 6 ~ 7 毫米，细长，初为绿色，渐呈黄褐色，最后变为红褐色。腹部各节背面前后缘各有 1 列齿状突起，腹末有 8 根弯曲呈钩状的臀棘。茧白色。

【生活史与习性】

枣镰翅小卷蛾在我国山东、河南、山西、河北、陕西等省的枣产区 1 年发生 3 代，江苏 4 代左右，浙江 5 代。以蛹在枣树主干、主枝粗皮裂缝中越冬，其中以主干上虫量最大。在发生 3 代区翌年 3 月下旬越冬蛹开始羽化，4 月上中旬达盛期，5 月上旬为羽化末期。第 1 代成虫发生的初期、盛期、末期分别在 6 月上旬、6 月中下旬、7 月下旬至 8 月中下旬。

成虫于早晚活动，对光有极强的趋性。雄蛾对雌性分泌的性外激素也有极强的趋性。

越冬代雌虫产卵于 1 ~ 2 年生枝条和枣股上，第 1、2 代成虫的卵则多产于叶面中脉两侧，卵散产。越冬代雌虫平均产卵量 4 粒，平均卵期 13 天；第 1、2 代平均产卵量分别为 60 粒和 75 粒，卵期为 6 ~ 7 天。第 1 代幼虫发生于枣树发芽展叶阶段，取食新芽、嫩叶；第 2 代幼虫发生于花期前后，为害叶、花蕾、花和幼果；第 3 代幼虫发生于果实着色期，除严重为害枣叶外，幼虫还吐丝黏合叶、果，啃食果皮，蛀入果内绕核取食，将粪便排出果外，不久被害果即变红脱落。幼虫还有吐丝下垂转移为害的习性。第 1、2 代幼虫老熟后在被害叶中结茧化蛹，第 3 代幼虫于 9 月上旬至 10 月中旬老熟，陆续爬到树皮裂缝中作茧化蛹越冬。

【防治方法】

1. 冬闲刮树皮灭蛹 在冬季或早春刮除树干粗皮，堵塞树洞，主干大枝涂白。将刮下的树皮集中处理，以减少越冬虫源。

2. 秋季束草诱杀幼虫 于 8 月下旬越冬代幼虫下树化蛹前，在枣树主干上部和主侧枝基部束草诱集幼虫入内化蛹，冬季取下深埋。

3. 生物防治 为减少药害和残毒，保护传粉昆虫（蜜蜂）和害虫天敌，可以适时地采用释放赤眼蜂、喷布微生物农药和使用性引诱剂诱杀等方法进行生物防治。

（1）利用赤眼蜂防治枣黏虫：在第 2、3 代枣黏虫产卵期，每株枣树释放人工繁殖的松毛虫赤眼蜂 3 000 ~ 5 000 头，可以收到较好的防治效果，田间卵的最低寄生率为 65%，最高寄生率为 95%，平均寄生率为 85.5%。若能在产卵初期、初盛期和盛期以不同蜂量放蜂一次，防治效果更为理想。

（2）利用性信息素诱导防治枣黏虫：①迷向防治。迷向防治就是将足够量的人工合成的枣黏虫性信息素撒布到枣园空间，破坏害虫雌雄之间的化学通讯联系，使雄虫失去对配偶的选择能力，不能交尾，从而控制下一代虫口的发生量。②大量诱捕。主要是利用枣黏虫性信息素的诱捕器来大量消灭其雄虫而使雌虫失去配偶，从而降低交尾率，压低虫口密度。在虫口密度低的情况下，大量诱捕法防治效果更为明显。

（3）微生物农药防治：在花期、幼果期和果实膨大期，喷洒微生物农药如白僵菌、青虫菌或杀螟杆菌 100 ～ 200 倍液。

4. 药剂防治　于各代卵孵化盛期或性诱捕器诱蛾指示高峰后 9 ～ 15 天树上喷药，重点应放在枣芽 3 厘米时的第 1 代幼虫期进行防治。可用药剂有 25% 灭幼脲悬浮剂 2 000 倍液，或 20% 氟幼脲悬浮剂 8 000 倍液，或 50% 辛・敌乳油 1 500 倍液，或 10% 氯氰菊酯乳油 2 000 倍液等。

四 枣绮夜蛾

枣绮夜蛾 *Porphyrinia parva*（Hubner），又名枣实虫、枣花心虫，属鳞翅目，夜蛾科。

【分布与寄主】

本蛾在我国南北方枣区均有发生，如甘肃、河北、河南、山东、浙江等省枣产区。

【为害状】

枣绮夜蛾以幼虫食害枣花、蕾、幼果。枣花盛开时幼虫吐丝缀连枣花，并钻在花丛中食害花蕊，被害花只剩下花瓣和花盘，不久枯萎脱落。为害严重者能把脱落性结果枝上的花全部吃光。

枣绮夜蛾为害状

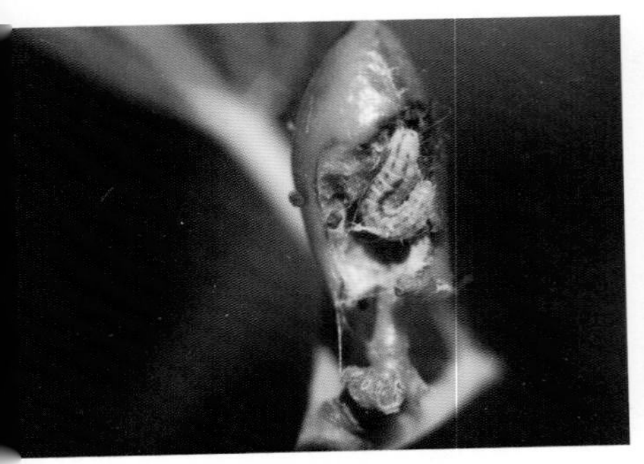

枣绮夜蛾幼虫蛀害枣果

枣绮夜蛾枣果蛀孔

枣果生长期幼虫吐丝缠绕果梗，然后蛀食枣果，使其黄萎，但不脱落。

【形态特征】

1. 成虫　体长约 5 毫米，翅展 15 毫米左右，为一种淡灰色的小型蛾子。身体腹面、胸背、翅基均为灰白色。前翅棕褐色，有白色横波纹 3 条：基横线、中横线及亚缘线。中横线弧形，淡灰色，与基横线间黑褐色；亚缘线与中横线平行，其间为淡棕褐色带；亚缘线与外缘线间为淡黑褐色，其间靠前缘有一晕斑。

2. 卵　馒头状，有放射状花纹。白色透明，孵化前变为淡红色。

3. 幼虫　老熟幼虫体长 10 ~ 14 毫米，淡黄绿色，与枣花颜色相似。胸、腹的背面有成对的似菱形的紫红色线纹（少数幼虫无此特征）。各节稀生长毛。腹足 3 对。

4. 蛹　长 6 ~ 7 毫米，肥胖。初化蛹时头胸部、腹面鲜绿色，背面及腹部暗黄绿色。羽化前全体黄褐色。

【生活史与习性】

枣绮夜蛾在兰州地区 1 年发生 1 代，在河北、山东、浙江等地 1 年发生 2 代。以蛹在树皮裂缝、树洞青苔等处越冬。翌年 5 月上中旬成虫开始羽化，下旬为羽化盛期。

成虫有趋光性。卵多散产于花梗杈间或叶柄基部，每头雌虫产卵 100 粒左右。5 月下旬第 1 代幼虫开始孵化。幼虫孵化后即迁回到花丛间食害枣花，稍大后即可吐丝将一簇花缀连在一起，并在其中为害，直至花簇变黄枯萎，其后又继续取食为害幼果。幼虫不活泼，行动迟缓，部分幼虫受惊后会吐丝下垂。第 1 代幼虫 6 月上旬老熟化蛹，7 月上中旬结束。此代蛹中有一部分不再羽化而越冬，因此出现 1 年 1 代；另一部分在 6 月下旬开始羽化，7 月中下旬结束，产生第 2 代。7 月上旬第 2 代幼虫开始出现。此代幼虫多取食枣果，并有转果为害习性，一般 1 头幼虫可为害 4 ~ 6 个枣果。7 月下旬至 8 月中旬，此代幼虫先后老熟化蛹越冬。后期无花、果可食时，则吐丝将枝端嫩叶缀合一起，藏于其中为害。7 月下旬至 8 月中旬，此代幼虫开始老熟，而进入树皮裂缝或树干枝条截口的缝隙内结茧化蛹。

【防治方法】

1. 消灭冬蛹 休眠期刮除枣树粗裂翘皮，消灭越冬蛹。

2. 药剂防治 5 月下旬喷药杀灭幼虫。可用药剂有 10%烟碱乳油 800 倍液，或 8 000 国际单位 / 毫克苏云金杆菌可湿性粉剂 800 倍液，或 25%灭幼脲悬浮剂 1 500 倍液，或 20%抑食肼可湿性粉剂 1 000 倍液，或 0.65%茴蒿素水剂 500 倍液，或 10%硫肟醚水乳剂 1 500 倍液，或 20%虫酰肼胶悬剂 1 500 倍液，或 2.5%高效氟氯氰菊酯乳油 2 200 ~ 3 000 倍液，或 50% 马拉硫磷 1 000 倍液等。

3. 诱杀幼虫 幼虫老熟前，在枝条基部绑草绳，引诱老熟幼虫入草化蛹后取下处理。

五　枣尺蠖

枣尺蠖 *Chihuo zao* Yang，又名枣步曲，属于鳞翅目尺蛾科。

【分布与寄主】

该虫在我国枣产区普遍发生。寄主植物主要为枣树，野生的酸枣上也有发生。大发生的年份，枣树叶被吃光之后，可以转移到其他果树如苹果、梨上为害。近年来河北、河南、江苏、山西发现此虫为害苹果十分严重。

【为害状】

当枣树芽萌发时，初孵幼虫开始为害嫩芽，俗称“顶门吃”。严重年份将枣芽吃光，造成大量减产。枣树展叶开花，幼虫虫龄长大，食量大增，能将全部树叶及花蕾吃光，不但当年没有产量，而且影响翌年坐果。

枣尺蠖雌成虫

枣尺蠖低龄幼虫

枣尺蠖幼虫行走中

【形态特征】

1. 成虫　雄成虫体长约13毫米，翅展约35毫米。体翅灰褐色，深浅有差异。胸部粗壮，密生长毛及毛鳞，前翅灰褐色，外横线和内横线黑色，两者之间色较淡，中横线不太明显，中室端有黑纹，后翅中部有1条明显的黑色波状横线。雌成虫体长约15毫米，灰褐色。前、后翅均退化。腹部背面密被刺毛和毛鳞。产卵器细长，管状，可缩入体内。

2. 卵　椭圆形，有光泽，数十粒至数百粒产成一块。

3. 幼虫　共5龄。可根据体色、体长及头壳宽度来区别龄期。

4. 蛹　枣红色，体长约15毫米。从蛹的触角纹痕可以区别雌雄。

【生活史与习性】

枣尺蠖1年发生1代，有少数个体2年发生1代。以蛹分散在树冠下深3 ~ 15厘米土中越冬，靠近树干基部比较集中。3月中旬成虫开始羽化，盛期在3月下旬至4月中旬，末期为5月上旬，全部羽化期达60天左右。气温高的晴天则出土羽化多，气温低的阴天或降水时则出土少。

雌蛾羽化时先在土表潜伏，傍晚大量出土上树，雄蛾趋光性强，晚间雄蛾飞翔寻找雌蛾交尾。翌日雌蛾开始产卵，2 ~ 3 天是产卵高峰。卵多产在树杈粗皮裂缝内，几十粒至数百粒排列成片状或不规则块状。每雌蛾产卵量 1 000 ~ 1 200 粒，卵期 10 ~ 25 天。枣芽萌发时约 4 月中旬开始孵化，盛期在 4 月下旬至 5 月上旬，末期在 5 月下旬，全部孵化期达 50 天左右。

幼虫为害期在 4 ~ 6 月，以 5 月间最烈，因嫩芽被害影响最大。幼虫性喜散居，爬行迅速，并能吐丝，1 ~ 2 龄幼虫爬过的地方即留下虫丝，故嫩芽受丝缠绕难以生长。幼虫的食量随虫龄增长而增加，食量愈大，为害愈烈。幼虫有假死性，遇惊扰即吐丝下垂。低龄幼虫常借风力垂丝传播，扩散蔓延。幼虫老熟后即入土化蛹越冬，5 月中下旬开始至 6 月中旬全都入土化蛹。

【防治方法】

1. 阻止雌蛾上树产卵　由于雌蛾不会飞，可在 3 月中下旬在树干上缠塑料薄膜或纸裙，阻止雌蛾上树交尾和产卵，并于每天早晨或傍晚逐树捉蛾。无论是缠纸裙还是用塑料薄膜缠树干，都必须将骑缝口钉好，不留缝隙，以免雌虫乘隙上树，由于树干缠裙，雌蛾不能上树，便多集中在裙下的树皮缝内产卵。因此，可定期撬开粗树皮，刮除虫卵，或在裙下捆两圈草绳诱集雌蛾产卵，每过 10 天左右换 1 次草绳，将其深埋。也可以将纸裙的下部埋入树干基部土中，直接阻止蛾上树，每天早晨或傍晚在树下周围地面上捉蛾。或直接将树干的老皮刮去，涂一圈 10 厘米宽的黏虫胶。如果没有黏虫胶，也可以涂机油代替。以便将雌蛾直接黏在树干上，然后予以捕杀。

2. 人工防治　秋季或初春（最迟不得晚于 3 月中旬）在树干

周围 1 米范围内，深 3 ~ 10 厘米处，组织人力挖越冬蛹。振落捕捉幼虫。

3. 树上喷药防治 在卵孵化盛期，在成虫高峰期后 27 ~ 30 天，可喷施 8 000 国际单位 / 毫克苏云金杆菌可湿性粉剂 800 倍液，或 0.5% 甲氨基阿维菌素苯甲酸盐微乳剂（有效成分用药量 3.3 ~ 5 毫克 / 千克）。间隔 10 天 1 次，直至卵孵化完成。

六　印度谷螟

印度谷螟 *Plodia interpunctella*，别名印度谷蛾，世界性分布，中国国内除西藏尚未发现外，其余各省、自治区、直辖市均有分布。该虫为害枣等干果、粮食、豆类、油料、干蔬菜及各种植物种子、糖果、药材等。

【为害状】

幼虫在干枣果内吐丝缀粒成巢，幼虫匿居其中为害枣肉，并有大量带味的粪便。

【形态特征】

1. 成虫　体长 6 ~ 9 毫米，翅展 13 ~ 18 毫米，身体密布灰褐色或赤褐色鳞片，两复眼间有一向前方突出的鳞片锥体。前翅长三角形，基部 2/5 为淡黄白色，其余部分为红褐色，后翅灰白色，三角形。

印度谷螟成虫

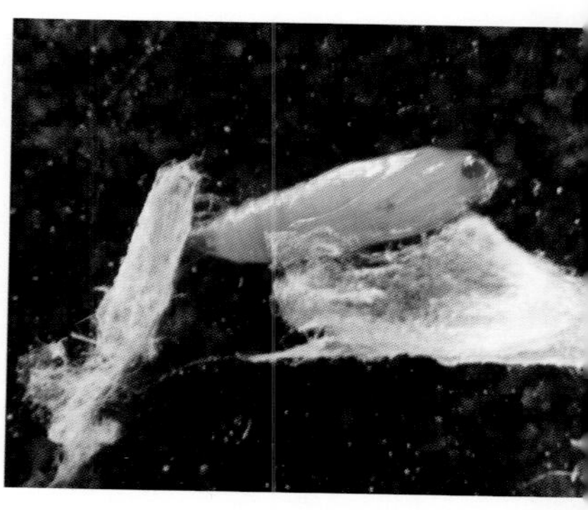

印度谷螟蛹

印度谷螟蛹茧

印度谷螟幼虫为害大枣果肉

2. 幼虫 体长 10 ~ 13 毫米，胴部乳白色及灰白色或稍带粉红色、淡绿色，头部黄褐色或红褐色。

3. 蛹 长 5.7 ~ 7.2 毫米，宽 1.6 ~ 2.1 毫米，细长。

【生活史与习性】

印度谷螟 1 年发生 4 ~ 6 代，以老熟幼虫在梁柱、包装品、板壁等缝隙中或室内阴暗避风的壁角内越冬。翌年春季化蛹，羽化为成虫后即交尾产卵，卵多产于枣堆表面或包装物的缝隙中。每雌虫产卵 39 ~ 275 粒，孵化幼虫钻入枣内为害，开始在枣堆表面或上半部，日久即下移到枣堆下半部。幼虫期 22 ~ 35 天。

【防治方法】

1. 晴天摊晒 可选择晴天摊晒，一般厚 3 ~ 5 厘米，每隔半小时翻动一次，温度越高，杀虫效果越好。

2. 低温冷冻除虫 北方冬季，气温达到 –10℃以下时，将贮枣摊开，一般 7 ~ 10 厘米厚，经 12 小时冷冻后，即可处理贮枣内的害虫。如果达不到 –10℃，冷冻的时间需延长。

3. 植物熏避除虫 将花椒、茴香或碾成粉末状的山苍子等，任取一种，装入纱布小袋中，每袋装 12 ~ 13 克，均匀埋入枣堆中，一般每 50 千克枣放 2 袋。

七　大造桥虫

大造桥虫 *Ascotis selenaria* Schiffermuller et Denis，别名尺蠖、步曲，属鳞翅目尺蛾科。

【分布与寄主】

我国南北方均有分布，寄主植物种类多样。

【为害状】

幼虫食芽叶及嫩茎，严重时食成光杆。

大造桥虫幼虫

大造桥虫幼虫为害状

【形态特征】

1. 成虫　体长 15 ~ 20 毫米，翅展 38 ~ 45 毫米，体色变异很大，有黄白色、淡黄色、淡褐色、浅灰褐色，一般为浅灰褐色，翅上的横线和斑纹均为暗褐色，中室端具 1 条斑纹，前翅亚基线和外横线锯齿状，其间为灰黄色，有的个体可见中横线及亚缘线，外缘中部附近具 1 块斑块；后翅外横线锯齿状，其内侧灰黄色，有的个体可见中横线和亚缘线。雌虫触角丝状，雄虫羽状，淡黄色。

2. 卵 长椭圆形，青绿色。

3. 幼虫 体长 38 ~ 49 毫米，黄绿色。头黄褐色至褐绿色，头顶两侧各具 1 个黑点。背线宽，淡青色至青绿色，亚背线灰绿色至黑色，气门上线深绿色，气门线黄色杂有细黑纵线，气门下线至腹部末端，淡黄绿色；第 3、4 腹节上具黑褐色斑，气门黑色，围气门片淡黄色，胸足褐色，腹足 2 对。

4. 蛹 长 14 毫米左右，深褐色有光泽，尾端尖，臀棘 2 根。

【生活史与习性】

本虫长江流域 1 年发生 4 ~ 5 代，以蛹于土中越冬。各代成虫盛发期分别为 6 月上中旬、7 月上中旬、8 月上中旬、9 月中下旬，有的年份 11 月上中旬可出现少量第 5 代成虫。第 2 ~ 4 代卵期 5 ~ 8 天，幼虫期 18 ~ 20 天，完成 1 代需 32 ~ 42 天。成虫昼伏夜出，趋光性强，羽化后 2 ~ 3 天产卵，多产在地面、土缝及草秆上，大发生时枝干、叶上都可产卵，数十粒至百余粒成堆，每雌虫可产卵 1 000 ~ 2 000 粒，越冬代仅 200 余粒。初孵幼虫可吐丝随风飘移传播扩散。10 ~ 11 月以末代幼虫入土化蛹越冬。此虫为间歇暴发性害虫，一般年份主要在枣树以及棉花、豆类等农作物上发生。

【防治方法】

1. 化学防治 幼虫发生期用每毫升含 120 亿个孢子的 Bt 乳剂 200 倍液喷洒。

2. 生物防治 在产卵高峰期投放赤眼蜂蜂包也有很好的防治效果。

八 扁刺蛾

扁刺蛾 *Thosea sinensis* Walker，又名黑点刺蛾，属鳞翅目刺蛾科。

【分布与寄主】

我国南北果产区都有分布。该虫主要为害苹果、梨、山楂、杏、桃、枣、柿、柑橘等果树及多种林木。

【为害状】

低龄幼虫食叶呈孔洞状，大龄幼虫食叶呈缺刻状，直到叶片吃光。

扁刺蛾低龄幼虫为害枣树叶片虫斑

扁刺蛾幼虫为害枣树叶片

【形态特征】

1. 成虫 雌成虫体长 13 ~ 18 毫米，翅展 28 ~ 35 毫米。体暗灰褐色，腹面及足色较深。触角丝状，基部十余节栉齿状，栉齿在雄蛾更为发达。前翅灰褐色稍带紫色，中室的前方有 1 条明显的暗褐色斜纹，自前缘近顶角处向后缘斜伸；雄蛾中室上角有 1 个黑点（雌蛾不明显），后翅暗灰褐色。

2. 卵 扁平光滑，椭圆形，长 1.1 毫米，初为淡黄绿色，孵化前呈灰褐色。

3. 幼虫 老熟幼虫体长 21 ～ 26 毫米，宽 16 毫米，体扁，椭圆形，背部稍隆起，形似龟背。全体绿色或黄绿色，背线白色。体边缘则有 10 个瘤状突起，其上生有刺毛，每一节背面有 2 丛小刺毛，第 4 节背面两侧各有 1 个红点。

4. 蛹 体长 10 ～ 15 毫米，前端肥大，后端稍削，近椭圆形，初为乳白色，后渐变黄色，近羽化时转为黄褐色。茧长 12 ～ 16 毫米，椭圆形，暗褐色，似鸟蛋。

【生活史与习性】

华北地区 1 年多发生 1 代，长江下游地区 1 年发生 2 代。以老熟幼虫在树下土中作茧越冬。翌年 5 月中旬化蛹，6 月上旬开始羽化为成虫。6 月中旬至 8 月底为幼虫为害期。

成虫多集中在黄昏时分羽化，尤以 18 ～ 20 时羽化最盛。成虫羽化后，即行交尾产卵，卵多散产于叶面上，初孵化的幼虫停息在卵壳附近，并不取食，蜕过第一次皮后，先取食卵壳，再啃食叶肉，留下一层表皮。幼虫不分昼夜取食。自 6 龄起，取食全叶，虫量多时，常从一枝的下部叶片吃至上部，每枝仅存顶端几片嫩叶。幼虫期共 8 龄，老熟后即下树入土结茧，下树时间多在 20 时至翌晨 6 时止，而以凌晨 2 ～ 4 时下树的数量最多。结茧部位的深度和距树干的远近均与树干周围的土质有关。黏土地结茧位置浅而距离树干远，也比较分散。腐殖质多的土壤及沙壤地结茧位置较深，距离树干近，而且比较密集。

【防治方法】

1. 诱杀幼虫　在幼虫下树结茧之前，疏松树干周围的土壤，以引诱幼虫集中结茧，然后收集处理。

2. 药剂防治　幼虫发生期，喷洒含量为16 000国际单位/毫克的Bt可湿性粉剂500～700倍液，或20%除虫脲悬浮剂2 500～3 000倍液等。

九 双齿绿刺蛾

双齿绿刺蛾 *Latoia hilarata* Staudinger，为鳞翅目刺蛾科绿刺蛾属的一种昆虫。该虫分布在我国的陕西、山西等地，寄主广泛，主要为害海棠、紫叶李、桃、山杏、柿、白蜡等多种园林植物。

【为害状】

双齿绿刺蛾低龄幼虫多群集叶背取食叶肉，3 龄后分散食叶成缺刻或孔洞，白天静伏于叶背，夜间和清晨活动取食，严重时常将叶片吃光。

双齿绿刺蛾幼虫为害枣树叶片

双齿绿刺蛾低龄幼虫为害的枣树叶片

【形态特征】

1. 成虫 体长 7 ~ 12 毫米，翅展 21 ~ 28 毫米，头部、触角、下唇须褐色，头顶和胸背绿色，腹背苍黄色。前翅绿色，基斑和外缘带暗灰褐色，其边缘色浅，基斑在中室下缘呈角状外突，略呈五角形；外缘带较宽，与外缘平行内弯，其内缘在 Cu2 处向内突起呈一枚大齿，在 M2 上有一个较小的齿突，故得名，这是本种与中国绿刺蛾区别的明显特征。后翅苍黄色。外缘略带灰褐色，臀色暗褐色,缘毛黄色。足密被鳞毛。雄虫触角栉齿状,雌虫丝状。

2. 卵　长 0.9 ~ 1.0 毫米,宽 0.6 ~ 0.7 毫米,椭圆形扁平、光滑。初产乳白色，近孵化时淡黄色。

3. 幼虫　体长 17 毫米左右,蛞蝓型,头小,大部分缩在前胸内,头顶有两个黑点，胸足退化，腹足小。体黄绿至粉绿色，背线天蓝色，两侧有蓝色线，亚背线宽杏黄色，各体节有 4 个枝刺丛，以后胸和第 1、7 腹节背面的一对较大，且端部呈黑色，腹末有 4 个黑色绒球状毛丛。

4. 蛹　长 10 毫米左右，椭圆形，肥大，初乳白色至淡黄色，渐变淡褐色，复眼黑色，羽化前胸背淡绿色，前翅芽暗绿色，外缘暗褐色，触角、足和腹部黄褐色。

5. 茧　扁椭圆形，长 11 ~ 13 毫米，宽 6.3 ~ 6.7 毫米，钙质较硬，色多同寄主树皮色，一般为灰褐色至暗褐色。

【生活史与习性】

在我国山西、陕西 1 年发生 2 代，以幼虫在枝干上结茧入冬。山西太谷地区 4 月下旬开始化蛹，蛹期 25 天左右，5 月中旬开始羽化，越冬代成虫发生期 5 月中旬至 6 月下旬。成虫昼伏夜出，有趋光性，对糖醋液无明显趋性。卵多产于叶背中部、主脉附近，块生，形状不规则，多为长圆形，每块有卵数十粒，单雌卵量百余粒。成虫寿命 10 天左右。卵期 7 ~ 10 天。第 1 代幼虫发生期 8 月上旬至 9 月上旬，第 2 代幼虫发生期 8 月中旬至 10 月下旬，10 月上旬陆续老熟，爬到枝干上结茧越冬，以树干基部和粗大枝杈处较多，常数头至数十头群集在一起。

【防治方法】

1. 人工挖虫茧 防治应掌握好时机，秋冬季人工挖虫茧。幼虫群集时，摘除虫叶，人工捕杀幼虫。

2. 诱杀成虫 成虫发生期，利用黑光灯诱杀成虫。

3. 药剂防治 幼虫3龄前可选用生物或仿生农药，如可施用含量为16 000国际单位/毫克的Bt可湿性粉剂500 ~ 700倍液，或20%除虫脲悬浮剂2 500 ~ 3 000倍液等。

十　枣树天蛾

枣树天蛾 *Marumba gaschkewitschi*（Bremer & Grey），又名桃天蛾、枣豆虫，属鳞翅目天蛾科。

【分布与寄主】

枣天蛾分布广泛，全国大部分地区都有发生，寄主较多，除为害枣树外，还可为害桃、杏、李、樱桃、苹果等果树。

【为害状】

枣树天蛾以幼虫啃食枣叶为害，常逐枝吃光叶片，严重时可吃尽全树叶片，之后转移为害。

【形态特征】

1. 成虫　体长 36 ~ 46 毫米，翅展 84 ~ 120 毫米。体、翅灰褐色，复眼黑褐色，触角淡灰褐色，胸背中央有深色纵纹。前翅内横线、双线、中横线和外横线为带状、黑色，近外缘部分均为黑褐色，边缘波状，近后角处有 1 ~ 2 块黑斑。后翅粉红色。

枣树天蛾幼虫为害状

枣树天蛾幼虫被寄生蜂寄生

2. 卵 椭圆形，绿色至灰绿色，光亮，长 1.6 毫米。

3. 幼虫 老熟幼虫体长 80 毫米左右，黄绿色至绿色，头小，三角形，体表生有黄白色颗粒，胸部两侧有颗粒组成的侧线，腹部每节有黄白色斜条纹。气门椭圆形、围气门片黑色，尾角较长。

4. 蛹 长约 45 毫米，黑褐色，臀棘锥状。

【生活史与习性】

在我国辽宁 1 年发生 1 代，在山东、河南、河北等省 1 年发生 2 代，江西、浙江等省 1 年发生 3 代。以蛹在 5 ～ 10 厘米深处的土壤中越冬。翌年 5 月中旬至 6 月中旬越冬代成虫羽化，成虫有趋光性，多在傍晚以后活动。卵散产于枝干的阴暗处或枝干裂缝内，有的产在叶片上。每头雌蛾平均产卵 300 粒左右，卵期 7 ～ 10 天。第 1 代幼虫 5 月下旬至 7 月发生，6 月中旬为害最重，6 月下旬开始入土化蛹。7 月上中旬出现第 1 代成虫。7 月下旬至 8 月上旬第 2 代幼虫开始为害，9 月上旬幼虫老熟，入土化蛹。越冬蛹在树冠周围的土壤中最多。

【防治方法】

1. 灭蛹 冬季耕刨树下土壤，翻出越冬蛹。

2. 人工捕捉 为害轻微时，可根据树下虫粪搜寻幼虫，扑杀之。幼虫入土化蛹时地表有较大的孔，两旁泥土松起，可人工挖除老熟幼虫。

3. 药剂防治 发生严重时，可在幼虫 3 龄之前用 25% 灭幼脲 1 500 倍液，或 20% 虫酰肼 2 000 倍液，或 2% 阿维菌素 3 000 倍药液，喷洒 1 ～ 2 次。

4. 保护天敌 绒茧蜂对第 2 代幼虫的寄生率很高，1 头幼虫可繁殖数十头绒茧蜂，其茧在叶片上呈棉絮状，应注意保护。

十一　枣树黄尾毒蛾

枣树黄尾毒蛾 *Euproctis similis* Fueezssly，属鳞翅目毒蛾科，分布于我国东北、华北、华东、西南各省。亚洲、欧洲各国均有发生。该虫可为害乌桕、桑、板栗、枫杨、柳、杨、桃、苹果、梨、李、枣、杏、梅、樱桃等。

【为害状】

幼虫取食芽、叶，以越冬幼虫剥食春芽严重，可将整树芽吃光；以后幼虫取食夏秋叶，食叶殆尽。幼虫体上毒毛触及人体或随风吹落到人体，可引起红肿疼痛、淋巴发炎。

枣树黄尾毒蛾为害枣树叶片

枣树黄尾毒蛾为害枣果

【形态特征】

1. 成虫　体长 12 ~ 18 毫米，翅展 30 ~ 36 毫米，体白色。前翅内线近臀角有浅黑斑，腹末具棕黄色毛丛。

2. 卵　扁圆形，长径 0.6 ~ 0.7 毫米，灰黄色，卵块上覆黄毛。

3. 幼虫　体长 26 ~ 38 毫米，黄色。背线、气门下线红色；亚背线、气门上线、气门线黑褐色，均断续不连。每节有毛瘤 3 对。

4. 蛹　体长 14 ~ 20 毫米，黄褐色。茧长 15 ~ 24 毫米，长椭圆形，土黄色，附幼虫毒毛。

【生活史与习性】

我国内蒙古每年发生 1 代，山东发生 2 代，浙江、四川发生 3 代，江西发生 4 代，广东发生 6 代，以 3 龄幼虫在树干缝、树洞蛀孔作丝茧越冬。当气温升至 16 ℃以上，浙江省 4 月初，幼虫破茧爬出啃食春芽，6 月上旬羽化。成虫傍晚飞翔，有趋光性，夜间产卵，每雌产卵 150 ~ 600 粒。其他各代幼虫为害盛期分别为 6 月中旬、8 月上旬、9 月下旬。初龄幼虫群集取食，4 龄后分散。幼虫具假死性，受惊吐丝下垂转移。老熟幼虫在树皮裂缝、卷叶内结茧或在林木附近土块下、篱笆、杂草丛中等处结茧。10 月底至 11 月初结茧越冬。

【防治方法】

1. 物理防治　根据该虫的生活习性，可在树干束草，诱集幼虫越冬，将其杀灭。随时进行检查，一经发现卵块应及时摘除，消灭初孵群集的幼虫。

2. 生物防治　利用该虫趋光性进行灯光诱杀成虫。

3. 化学防治　越冬幼虫大量活动时，喷 90% 晶体敌百虫 2 000 倍液，各代卵盛孵期喷 50% 辛硫磷 1 500 倍液等。

十二　枣树豹纹蠹蛾

枣树豹纹蠹蛾 *Zeuzera leuconolum* Butler，别名俗称截秆虫、六星木蠹蛾，属鳞翅目豹蠹蛾科。

【分布与寄主】

该虫分布于我国河北、河南、山东、陕西等省，主要为害核桃树、枣树，其次为苹果树、杏树、梨树、石榴树、刺槐等。

【为害状】

被害枝基部的木质部与韧皮部之间有一蛀食环孔，并有自下而上的虫道。枝上有数个排粪孔，有大量的长椭圆形虫粪排出。受害枝上部变黄枯萎，遇风易折断。幼虫蛀入枣树 1 ～ 2 年生枝条，受害枝梢上部枯萎，遇风易折。此虫严重为害使树冠不能扩大，常年成为小老

枣树豹纹蠹蛾为害枣树枝条蛀孔

枣树豹纹蠹蛾为害枣树枝条

枣树豹纹蠹蛾为害致枣树树枝折断

树，影响枣树的产量。

【形态特征】

1. 成虫　雌蛾体长 18 ～ 20 毫米，翅展 35 ～ 37 毫米；雄蛾体长 18 ～ 22 毫米，翅展 34 ～ 36 毫米。胸背部具平行的 3 对黑蓝色斑点，腹部各节均有黑蓝色斑点。翅灰白色。前翅散生大小不等的黑蓝色斑点。

2. 卵　初产时淡杏黄色，上有网状刻纹密布。

3. 幼虫　头部黄褐，上腭及单眼区黑色，体紫红色，毛片褐色，前胸背板宽大，有 1 对子叶形黑斑，后缘具有 4 排黑色小刺，臀板黑色。老熟幼虫体长 32 ～ 40 毫米。

4. 蛹　赤褐色。体长 25 ～ 28 毫米。近羽化时每一腹节的侧面出现 2 块黑色圆斑。

【生活史与习性】

该虫 1 年发生 1 代，以老熟幼虫在受害枝中过冬。第 2 年 4 ～ 5 月化蛹羽化，每雌虫产卵可达千余粒。幼虫孵化后自叶主脉或芽基部蛀入。自上而下每隔一段距离咬一排粪孔。一头幼虫可为害枝梢 2 ～ 3 个。幼虫为害至 10 月中下旬并在枝内越冬。

【防治方法】

1. 剪除害枝　春季 4 月至 6 月上旬，在越冬幼虫转枝为害时和化蛹期经常巡视枣园，发现枝梢幼芽枯死或枣吊枯死即可能是此虫为害，用高杈剪剪下被害枝，集中处理，此项工作在 6 月上旬前进行完毕，这是全年防治的重点。

9 月正值当年小幼虫为害盛期，仍用高杈剪剪除被害枝，集中处理，减少虫源基数。

2. 药剂防治　成虫产卵及卵孵化期，喷洒 80% 敌敌畏乳油 1 000 倍液等。

十三　灰斑古毒蛾

灰斑古毒蛾 *Orgyia ericae* Germar，属鳞翅目毒蛾科。

【分布与寄主】

本蛾主要发生在我国黑龙江、吉林、辽宁、河北、河南、陕西、甘肃、宁夏、青海、山东等地；俄罗斯及欧洲其他国家也有发生。幼虫为害柳、柽柳、杨、榆、桦、栎、沙枣等树种，是杂食性害虫。

【为害状】

幼虫食叶呈缺刻状。

【形态特征】

1. 成虫　雌雄异型。雌虫体长 14.5 ~ 16.3 毫米，黄褐色，被环状白茸毛，翅退化。雄虫体长 9 ~ 11 毫米，黑褐色，翅展 21 ~ 28 毫米。触角长双栉齿，前翅赭褐色；有深褐色“S”形

灰斑古毒蛾雄虫

灰斑古毒蛾卵粒

灰斑古毒蛾幼虫

纹 3 条，前缘中部有 1 块近三角形的紫灰色斑，近臀角处有 1 块白斑。

2. 卵 鼓形，白色，中央有 1 个棕色小点。

3. 幼虫 体黄绿色，头部和足黑色。毛瘤橘黄色，上生浅灰色长毛，前胸两侧和第 8 腹节背侧各有由黑色羽状毛组成的长行束，第 1 ~ 4 腹节背面各有一个浅黄色毛刷。翻缩腺橘黄色，位于第 6、第 7 腹节背面。

4. 蛹 雌蛹黄褐色，雄蛹黑褐色，背面有 3 簇白色短茸毛，茧灰白色。

【生活史与习性】

灰斑古毒蛾在山东省 1 年发生 2 代。以卵在茧内越冬。越冬卵于 4 月下旬孵化，6 月初化蛹，6 月中旬见成虫。第 2 代 6 月下旬产卵，7 月上旬孵化，8 月中旬化蛹，8 月下旬羽化，9 月初成虫产卵，以卵在茧内越冬。初孵幼虫体淡黄色，先在茧内食完卵壳，少数残留，然后从茧交尾孔爬出，同一时间孵化的幼虫多时，初孵幼虫将茧咬小孔爬出。初孵幼虫毒腺周围有发黑的斑块时，开始扩散。幼虫爬到树的较高部位时体色变黑、吐丝、卷曲，借助风力传播。

【防治方法】

1. 人工防治 冬季落叶时极易发现灰斑古毒蛾的越冬茧，人工摘除越冬茧。

2. 物理防治 雄成虫具有趋光性，用黑光灯进行诱杀。雌蛾的性信息素极强，引诱雄蛾的半径在 500 米以上，可把雌蛾放到水盆或黏虫胶上，可诱杀雄成虫。

3. 药剂防治 初孵幼虫有集中在茧附近的习性，可用杀虫剂防治。

十四　枣芽象甲

枣芽象甲 *Scythropus sumatsui* Kone et Morimoto，又名枣月象、枣飞象、小灰象鼻虫，属鞘翅目象甲科。

【分布与寄主】

该虫分布于我国河南、河北、山东、陕西、山西、辽宁等省，为害枣、苹果、核桃、香柏等多种果树、林木。成虫早春上树，为害嫩芽、幼叶，严重时可将枣树嫩芽吃光，造成二次萌发。

枣芽象甲成虫交尾状

【为害状】

成虫食叶呈孔洞或缺刻状，严重时把芽吃尽。

【形态特征】

1. **成虫**　雄成虫体长 4.5 ~ 5.5 毫米，深灰色。雌虫体长 4.3 ~ 5.5 毫米，土灰色。头管粗，末端宽，背面两复眼之间凹陷，前胸背面中间色较深，灰色。鞘翅弧形，每侧各有细纵沟 10 条，两沟之间有黑色鳞毛，鞘翅背面有模糊的褐色晕斑。

2. **卵**　长椭圆形，初产时乳白色，后变灰白色。

3. **幼虫**　乳白色，体长 5 毫米，略弯曲，无足。

【生活史与习性】

每年发生 1 代，以幼虫在 5 ~ 10 厘米深土中越冬。翌年 3 月下旬至 4 月上旬化蛹，4 月中旬至 6 月上旬羽化、交尾、产卵。5 月上旬至 6 月中旬幼虫孵化入土，食植物幼根，秋后过冬。

春季，当枣芽萌发时，成虫群集嫩芽、幼叶啃食，芽受害后尖端光秃，呈灰色，手触之发脆。如幼叶已展开，则将叶咬成半圆形，或呈锯齿形缺刻，或食去叶尖。5 月以前由于气温较低，成虫多在无风天暖、中午前后上树，为害最烈。早晚天凉，多在地面土中或枣股基部潜伏。5 月以后气温增高，成虫喜在早、晚活动为害。成虫受惊有坠地假死习性。

【防治方法】

1. 人工防治 成虫发生期，利用其假死性，可在早晨或傍晚人工振落捕杀。

2. 地面药剂防治 成虫出土前，在树干周围 1 米以内，喷洒 50% 辛硫磷乳剂 300 倍液，或喷洒 48% 毒死蜱乳油 800 倍液，施药后耙匀土表或覆土，毒杀羽化出土的成虫。

3. 树上喷药 在成虫发生期喷洒 48% 毒死蜱乳油 1 000 倍液，或 2.5% 高效氯氟菊酯乳油 2 000 倍液。

十五　枣球胸象甲

枣球胸象甲 *Piazomias validus* Motschulsky，属鞘翅目象甲科。

【分布与寄主】

该虫分布于我国河北、山西、陕西、河南、安徽。为害枣树、苹果、杨树、柳树等。

枣球胸象甲

【为害状】

成虫食枣嫩叶成缺刻状，叶面有黑色黏粪。

【形态特征】

成虫体型较大，黑色具光泽，体长8.8 ~ 13毫米，体宽3.2 ~ 5.1毫米，被覆淡绿色或灰色间杂有金黄色鳞片，其鳞片相互分离。头部略凸出，表面被覆较密鳞片，行纹宽，鳞片间散布带毛颗粒。

足上有长毛，胫节内缘有粗齿。胸板 3 ~ 5 节密生白毛，少鳞片，雌虫腹部短粗，末端尖，基部两侧各具沟纹 1 条；雄虫腹部细长，中间凹，末端略圆。

【生活史与习性】

该虫 1 年发生 1 代，以幼虫在土中越冬。翌年 4 ~ 5 月化蛹，5 月下旬至 6 月上旬羽化，河南小麦收割期，正处该虫出土盛期，7 月为为害枣树盛期。严重时每株树上有虫数十头，可把整棵树叶子吃光，仅留主叶脉。

【防治方法】

可参考“枣芽象甲”。

十六　酸枣隐头叶甲

酸枣隐头叶甲 *Cryptocephalus japanus* Baly，又名脸谱甲虫。

【分布与寄主】

该虫可以取食枣、圆叶鼠李，主要分布于我国华北、东北及日本、朝鲜和俄罗斯。

【为害状】

成虫食叶呈缺刻状。

【形态特征】

成虫体长 6.8 ~ 8.0 毫米，宽 3.5 ~ 4.5 毫米。头部、体腹面、触角和足黑色，被灰白色毛。前胸背板和鞘翅淡黄棕色，每鞘翅一般具 4 块黑斑，基部 2 块，中部之后也有 2 块，与基部的 2 块

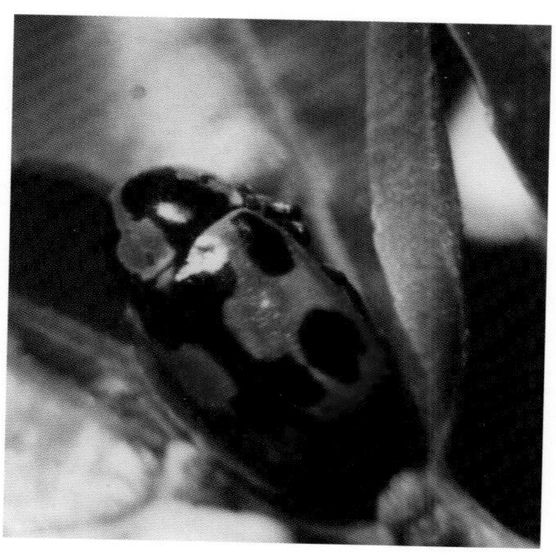

酸枣隐头叶甲成虫

斑相对，斑纹的大小和数目常常有变异。前胸背板横阔，长约为宽的 2 倍，后缘中部向后突出，中部有 2 条黑色宽纵纹，略呈括弧形，此纹后端达背板后缘，前端接近背板前缘；在纵纹之外近前方有 1 块黑色小圆斑，纵纹之内近后方也有 1 块黑色小圆斑。小盾片长方形，鞘翅长方形，肩胛稍隆起。

【生活史与习性】

该虫每年夏季以成虫取食枣树或酸枣树的叶片，生活与习性有待观察。

【防治方法】

可参考“枣芽象甲”。

十七　红缘天牛

红缘天牛 *Asias halodendri*（Pallas），又名红缘亚天牛，属鞘翅目天牛科。

【分布与寄主】

该虫在我国分布较广，国外分布于俄罗斯、蒙古、朝鲜等国，为害枣、苹果、梨等果树。

【为害状】

幼虫蛀害枣树枝干，遇风易折，枝干衰弱死亡。

红缘天牛枣树蛀孔

【形态特征】

1. 成虫　体长约17毫米，体狭长，黑色。每鞘翅基部有1个朱红色椭圆形斑，外缘有1条朱红色狭带纹。

2. 卵　长2 ~ 3毫米，椭圆形，乳白色。

红缘天牛成虫

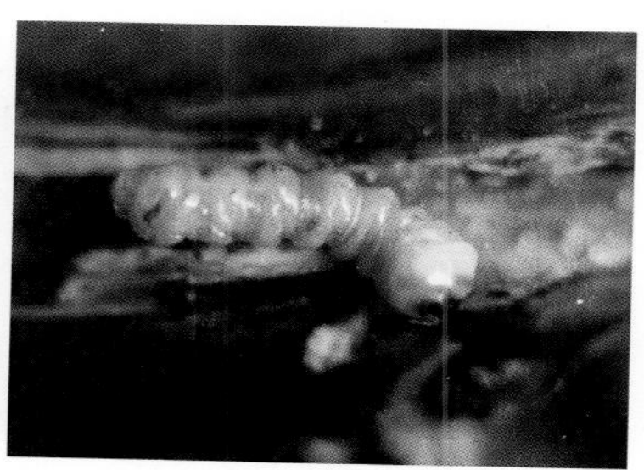

红缘天牛幼虫

3. 幼虫 体长22毫米左右，乳白色，头小、大部缩在前胸内，外露部分褐色至黑褐色。胴部13节，前胸背板前方骨化部分深褐色，上有“十”字形淡黄带，后方非骨化部分呈“山”字形。

4. 蛹 长15～20毫米，乳白渐变黄褐色，羽化前黑褐色。

【生活史与习性】

该虫1年发生1代，以幼虫在受害枝中越冬。翌年3月恢复活动，在皮层下木质部钻蛀扁宽蛀道，将粪屑排在孔外。4月中下旬化蛹，5月中旬成虫羽化，白天活动取食枣花等补充营养。成虫产卵于衰弱枝干缝中。幼虫孵化后先在韧皮部与木质部之间钻蛀，逐渐进入髓部为害。受害严重的枝干仅剩树皮，内部全空。

【防治方法】

1. 捕捉成虫 5～6月成虫活动盛期，巡视捕捉成虫多次。

2. 防止成虫产卵 在成虫产卵盛期，用白涂剂涂刷在树干基部，防止成虫产卵。

3. 及时清除受害枯枝，集中处理

（1）用布条或废纸等蘸80%敌敌畏乳油，或40%乐果乳油5～10倍液，往蛀洞内塞紧；或用兽医用注射器将药液注入。

（2）也可用56%磷化铝片剂（每片约3克），分成10～15小粒(每份0.2～0.3克),每一蛀洞内塞入1小粒,再用泥土封住洞口。

（3）用毒签插入蛀孔毒杀幼虫（毒签可用磷化锌、桃胶、草酸和竹签自制）。

（4）钩杀幼虫：幼虫尚在根颈部皮层下蛀食，或蛀入木质部不深时，及时进行钩杀。

（5)简易防治：利用编织袋洗净后裁成宽20～30厘米的长条，在易产卵的主干部位，用裁好的编织条缠绕2～3圈，每圈之间连接处不留缝隙，然后用麻绳捆扎，防治效果甚好。通过包扎阻隔，红缘天牛只能将卵产在编织袋上，其后天牛卵就会失水死亡。

十八 斑喙丽金龟

斑喙丽金龟 *Adoretus tenuimaculatus* Waterhouse，属鞘翅目丽金龟科。

【分布与寄主】

国内分布较广。

【为害状】

该虫以成虫取食枣树、苹果、葡萄、柿等果树叶片，被害叶多呈锯齿状孔洞。

【形态特征】

1. 成虫 体长约 12 毫米。体背面棕褐色，密被灰褐色茸毛。翅鞘上有稀疏成行的灰色毛丛，末端有一大一小的灰色毛丛。

2. 卵 长椭圆形，长 1.7 ~ 1.9 毫米，乳白色。

3. 幼虫 体长 13 ~ 16 毫米，乳白色，头部黄褐色。臀节腹面钩状毛稀少，散生，且不规则，数目为 21 ~ 35 根。

4. 蛹 长 10 毫米左右，前圆后尖。

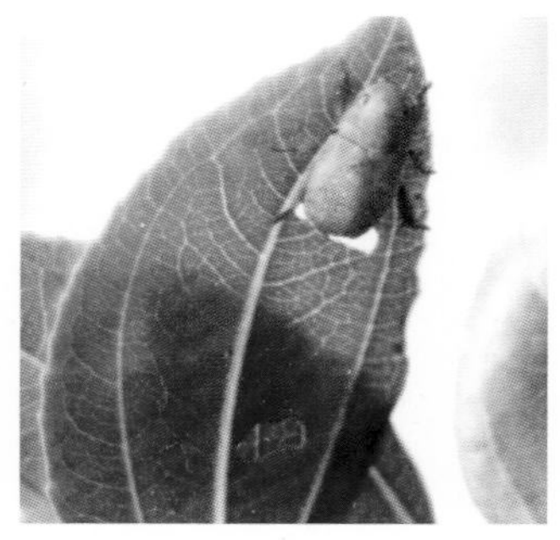

斑喙丽金龟

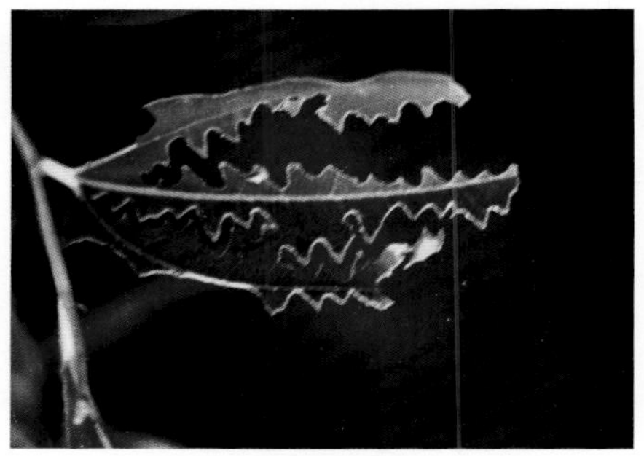

斑喙丽金龟为害枣树叶片

【生活史与习性】

此虫1年发生2代，以幼虫越冬。4月下旬至5月上旬老熟幼虫开始化蛹，5月中下旬出现成虫，6月为越冬代成虫盛发期，并陆续产卵，6月中旬至7月中旬为第1代幼虫期，7月下旬至8月初化蛹，8月为第1代成虫盛发期，8月中旬见卵，8月中下旬幼虫孵化，10月下旬开始越冬。成虫白天潜伏于土中，傍晚出来飞向寄主植物取食，黎明前全部飞走。阴雨大风天气对成虫出土数量和飞翔能力有较大影响。成虫可以取食多种植物，食量较大，有假死和群集为害习性，在短时间内可将叶片吃光，只留叶脉，呈丝络状。每头雌虫可产卵20～40粒，产卵后3～5天死去。产卵场所以菜园、丘陵黄土以及黏壤性质的田埂为最多。幼虫为害苗木根部，活动深度与季节有关，活动为害期以3.3厘米左右的草皮下较多，遇天气干旱，入土较深，化蛹前先筑1个土室，化蛹深度一般为10～15厘米。

【防治方法】

1. 人工捕杀 在成虫发生期，利用其假死习性组织人员于清晨或傍晚振树，树下用塑料布单接虫，集中处理。

2. 土壤处理 用5%辛硫磷颗粒剂，每亩施2千克，有良好效果。果园树盘外非间作地用药量可略增，在成虫初发期处理，效果更好。

3. 喷药保花 在发生初期，喷施50%马拉硫磷乳剂1 000～2 000倍液，或75%辛硫磷乳剂1 000～2 000倍液，防治效果都很好。

十九　黑蚱蝉

黑蚱蝉 *Cryptotympana atrata*（Fabricius），别名蚱蝉、知了、黑蝉，属同翅目蝉科。

【分布与寄主】

此虫在我国南北方均有分布。寄主有枣、桃、柑橘、梨、苹果、樱桃、杨柳、洋槐等。

【为害状】

1. 成虫　用产卵器刺破枝条皮层造成许多刻痕，并产卵于枝条的刻痕内，使枝条的输导系统受到严重的破坏，有时受害枝条上部由于得不到水分的供应而枯死。被害的枝条多数是当年的结果母枝，有些可能成为次年的结果母枝。因此，它的为害不仅影响树势，同时也造成产量损失。

2. 若虫　生活在土中，刺吸根部汁液，削弱树势。

蚱蝉

蚱蝉产卵为害枣树树枝

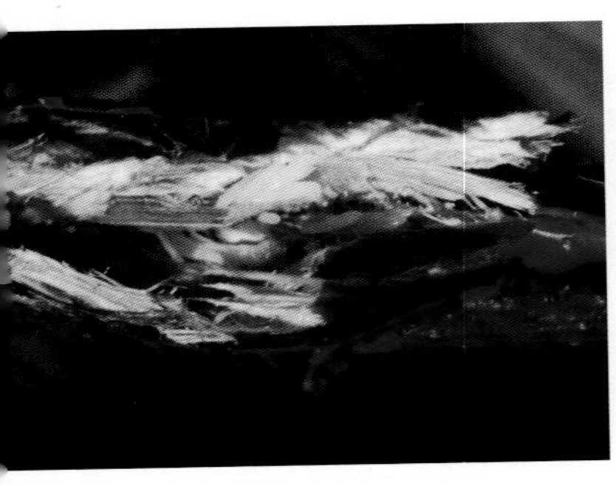

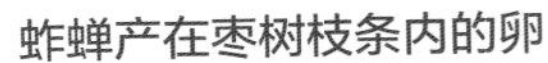
蚱蝉产在枣树枝条内的卵

蚱蝉蝉蜕

【形态特征】

1. 成虫 体色漆黑，有光泽，长约46毫米，翅展约124毫米；中胸背板宽大，中央有黄褐色“X”形隆起，体被金黄色茸毛；翅透明，翅脉浅黄色或黑色，雄虫腹部第1～2节有鸣器，雌虫没有。

2. 卵 椭圆形，乳白色。

3. 若虫 形态略似成虫，前足为开掘足，翅芽发达。

【生活史与习性】

该虫2～3年发生1代。被害枝条上的黑蚱蝉卵于翌年5月中旬开始孵化，5月下旬至6月初为卵孵化盛期，6月下旬终止。若虫（幼虫）随着枯枝落地或卵从卵窝掉在地上，孵化出的若虫立即入土，在土中的若虫以土中的植物根及一些有机质为食料。若虫在土中一生蜕皮5次，生活数年才能完成整个若虫期。在土壤中的垂直分布，以0～20厘米的土层居多。生长成熟的若虫于傍晚由土内爬出，爬到树干、枝条、叶片等可以固定其身体的物体上停留，以叶片背面居多，不食不动，约经3小时的静止阶段后，其背上面直裂一条缝蜕皮后变为成虫，初羽化的成虫体软，淡粉红色，翅皱缩，后体渐硬，色渐深直至黑色，翅展平，前后经 6 ～ 7 小时（即将天亮），振翅飞上树梢活动。一年当中，6 月上旬老熟若虫开始出土羽化为成虫，6 月中旬至 7 月中旬为羽化盛期，10 月上旬终止。若虫出土羽化，在 1 天中夜间羽化占 90% 以上。尤以 20 ～ 22 时最多。6 月下旬末到 7 月下旬为产卵盛期，9 月后为末期。卵主要产在 1 ～ 2 年生的直径在 0.2 ～ 0.6 厘米的枝条上，一条枝条上卵穴一般为 20 ～ 50 穴，多者有 146 穴。每穴卵 1 ～ 8 粒，多为 5 ～ 6 粒。

【防治方法】

由于黑蚱蝉成虫发生量大，为害时期长，成虫易受惊扰而迁飞，因此在防治上连片果园种植区统一行动，采取综合防治的方法。

（1）结合冬季和夏季修剪，剪除因被产卵而枯死的枝条，以消灭其中大量尚未孵化入土的卵粒，剪下枝条集中处理。由于其卵期长，利用其生活史中的这个弱点，坚持数年，收效显著。此方法是防治此虫最经济、有效、安全、简易的方法。

（2）老熟若虫具有夜间上树羽化的习性，然而足端只有锐利的爪，而无爪间突，不能在光滑面上爬行。在树干基部包扎塑料薄膜或透明胶，可阻止老熟若虫上树羽化，滞留在树干周围可人工捕捉或放鸡捕食。

（3）在 6 月中旬至 7 月上旬雌虫未产卵时、若虫出土时，于夜间在树干 1 米左右高处捕捉出土的若虫。振动树冠，成虫受惊飞动，由于眼睛夜盲和受树冠遮挡，跌落地面。

（4）5 月上旬用 50% 辛硫磷 500 ～ 600 倍液浇淋树盘，防治土中幼虫；成虫高峰期树冠喷雾 20% 甲氰菊酯乳油 2 000 倍液，杀灭成虫。

二十 八点广翅蜡蝉

八点广翅蜡蝉 *Ricania speculum*（Walker），属同翅目广翅蜡蝉科，别名八点蜡蝉、八点光蝉、橘八点光蝉、咖啡黑褐蜡蝉、黑羽衣、白雄鸡。

【分布寄主】

该虫分布于我国山西、河南、陕西、江苏、浙江、四川、湖北、湖南、广东、广西、云南、福建、台湾。寄主有茶、油茶、桑、棉、黄麻、大豆、苹果、梨、桃、杏、李、梅、樱桃、枣、栗、山楂、柑橘、咖啡、可可、洋槐等。

【为害状】

成虫、若虫喜于嫩枝和芽、叶上刺吸汁液；产卵于当年生枝条内，影响枝条生长，重者产卵部以上枯死，削弱树势。

八点广翅蜡蝉产卵痕迹

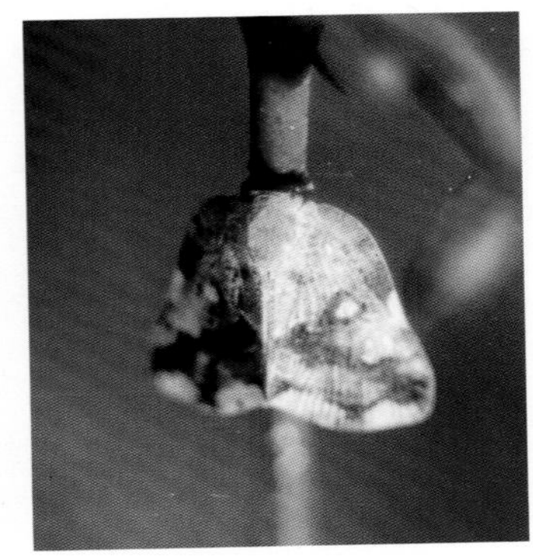

八点广翅蜡蝉成虫

【形态特征】

1. 成虫 体长 11.5 ~ 13.5 毫米，翅展 23.5 ~ 26 毫米，黑褐色，疏被白蜡粉。触角刚毛状，短小。单眼 2 只，红色。翅革质密布纵横脉呈网状，前翅宽大，略呈三角形，翅面被稀薄白色蜡粉。翅上有 6 ~ 7 块白色透明斑，1 块在前缘近端部 2/5 处，近半圆形斑；其外下方有 1 块较大的不规则形斑；内下方 1 块较小的长圆形斑；近前缘顶角处有 1 块很小、狭长的斑；外缘有 2 块较大的斑，前斑形状不规则，后斑长圆形，有的后斑被一褐色斑分为 2 块。后翅半透明，翅脉黑色，中室端有 1 块小白透明斑，外缘前半部有 1 列半圆形小白色透明斑，分布于脉间。腹部和足褐色。

2. 卵 长 1.2 毫米，长卵形，卵顶具 1 个圆形小突起，初乳白色渐变为淡黄色。

3. 若虫 体长 5 ~ 6 毫米，宽 3.5 ~ 4 毫米，体略呈钝菱形，翅芽处最宽，暗黄褐色，布有深浅不同的斑纹，体疏被白色蜡粉，体呈灰白色，腹部末端有 4 束白色绵毛状蜡丝，呈扇状伸出，中间 1 对长约 7 毫米，两侧长 6 毫米左右，平时腹端上弯，蜡丝覆于体背以保护身体，常可呈孔雀开屏状，向上直立或伸向后方。

【生活史与习性】

1 年产生 1 代，以卵于枝条内越冬。山西 5 月间陆续孵化，为害至 7 月下旬开始老熟羽化，8 月中旬前后为羽化盛期，成虫经 20 余天取食后开始交尾，8 月下旬至 10 月下旬为产卵期，9 月中旬至 10 月上旬为产卵盛期。若虫白天活动为害，有群集性，常数头在一起排列枝上，爬行迅速，善于跳跃；成虫飞行力较强且迅速，产卵于当年生枝木质部内，以直径 4 ~ 5 毫米粗的枝背面光滑处落卵较多，每处成块产卵 5 ~ 22 粒，产卵孔排成一纵列，孔外带出部分木丝并覆有白色绵毛状蜡丝，极易发现与识别。每雌虫可产卵 120 ~ 150 粒，产卵期 30 ~ 40 天。成虫寿命 50 ~ 70 天，至秋后陆续死亡。

【防治方法】

（1）结合管理，特别注意冬春修剪。剪除有卵块的枝集中处理，减少虫源。

（2）为害期结合防治其他害虫兼治此虫。可喷洒枣树上常用的菊酯类、有机磷及其复配药剂等，常用浓度均有较好效果。由于该虫虫体特别是若虫被有蜡粉，所用药液中如能混用含油量0.3% ~ 0.4% 的柴油乳剂或黏土柴油乳剂，可显著提高防治效果。

二十一　凹缘菱纹叶蝉

凹缘菱纹叶蝉 *Hishimonus sellatus*（Uhler），别名绿头菱纹叶蝉。

【分布与寄主】

国内主要分布于辽宁、河北、山西、陕西、山东、河南、江苏、安徽、浙江、江西、湖北、福建、四川、广东等地；国外主要分布在朝鲜、日本、俄罗斯。寄主有桑、梧桐、松、柏、枣、酸枣、忍冬、构树、无花果、蔷薇、大麻、大豆、赤豆、绿豆、豇豆、决明、葎草、紫云英、田菁、刺苋、茄子、马铃薯、菽麻、芝麻。

【为害状】

成虫在幼嫩茎上产卵，产卵时产卵器刺破皮层，将卵产于皮下，皮层被破坏后很快抽干死亡，影响植株的正常发育。该叶蝉是枣疯病的重要传播媒介，成虫、若虫在疯病树上为害后，将枣疯病的病原纳入唾液腺体内，在为害健树时，带菌传染，从而使

凹缘菱纹叶蝉

健树发病，往往使整个枣园毁掉。

【形态特征】

1. 成虫　雌虫体长 3 ~ 3.3 毫米，至翅端长 3.7 ~ 4.2 毫米；雄虫体长 2.6 ~ 3 毫米，至翅端长 3.8 ~ 4 毫米。体淡黄绿色。头部与前胸背板等宽，中央略向前突出，前缘宽圆，在头冠区近前缘处有一浅横槽；头部与前胸背板均为淡黄色带微绿色，头冠前缘有 1 对横纹，后缘具 2 个斑点，横槽后缘又有 2 条横纹。前胸背板前缘区有 1 列晦暗的小斑纹，中后区晦暗，其中散布淡黄绿色小圆点，小盾板淡黄色，中线及每侧 1 条斑纹为暗褐色，在有些个体中整个小盾板色泽近于一致。前翅淡白色，散生许多深黄褐色斑，当翅合拢时合成菱形纹，其三角形纹的三角及前缘围以深黄褐色小斑纹，致使菱纹显著；故称凹缘菱纹叶蝉。

2. 卵　长 0.7 ~ 0.8 毫米，呈香蕉形，一端尖，一端钝圆，初产时乳白色，2 天后变黄白色，4 天后光亮半透明呈淡黄色，显出红色眼点，接近孵化时眼点变深红，卵变红色。

3. 若虫　共 5 龄。初孵若虫体长 0.64 ~ 0.73 毫米，全体淡黄绿色，体上有不规则的黑褐色小突起，老熟若虫体长 2.2 ~ 2.7 毫米，体浅黄色，浅黄色的翅芽伸达第 2 腹节，体上微显浅褐色的斑点，胸部后缘背中线两侧各有 1 个褐色斑点。

【生活史及习性】

据河北报道，此虫 1 年发生 3 代。8 月下旬由枣树上迁往枣树附近的松和柏上，以成虫越冬，但不在松、柏树上繁殖后代。9 月中旬迁移越冬进入盛期，10 月松、柏树上虫口已达高峰；翌年 4 月中旬转移活动，5 月上旬枣芽萌发期间全部迁离松、柏树，返回枣树上取食、产卵。成虫将卵产在幼嫩茎上，产卵痕不明显，可看到一个被刺破的圆点，稍微突起。卵期 11 ~ 16 天，5 月上中旬孵化为若虫，5月中下旬为孵化盛期，越冬代成虫寿命较长，个别可活到7月，成虫自上树为害到死一直产卵，与第1代成虫有重叠现象。若虫孵化后在茎尖或嫩叶上静伏取食，若虫期25～31天，各龄若虫都很活泼。成虫活泼，有趋光性。第1代成虫5月末至6月上旬羽化，6月中旬为羽化盛期。羽化后，经6～9天营养补充后即交尾，交尾后第2天开始产卵，每头成虫可产卵135粒，平均日产卵量5.46粒，卵期8～12天。第1代若虫在6月下旬至7月上旬为孵化盛期，因越冬成虫死亡率高达90%以上，7月以前田间发生量很少，7月以后第1代若虫与越冬若虫发生期重叠，故数量增多。第2代成虫7月中下旬为羽化盛期。第2代若虫7月下旬、8月上旬为羽化盛期。8月上旬第3代成虫羽化，8月中下旬为羽化盛期，8月下旬开始逐渐迁往松、柏树上越冬。

各代成虫寿命随气温的高低而不同，第1代成虫寿命12～80天，第2代因气温升高，成虫寿命缩短，一般可活11～50天，第3代成虫（越冬代成虫）平均活200天，最长可活240天，雌成虫寿命稍长。雌雄性比为1：0.9。

【防治方法】

（1）清除杂草和枣园内的病源树。

（2）改变生态环境，枣园内选择凹缘菱纹叶蝉不喜食的间作作物。

（3）成虫、若虫发生为害期喷布80%敌敌畏乳油800倍液，或50%辛硫磷1 500倍液，或50%杀螟松乳油1 000倍液，或2.5%溴氰菊酯乳油3 000倍液。

二十二 三点盲蝽

三点盲蝽 *Adelphocoris fasciaticollis* Reuter，属半翅目盲蝽科。

【分布与为害】

该虫分布于我国辽宁及华北、西北等地，新疆和长江流域发生较少。寄主范围十分广泛，可为害果实、棉花、蔬菜、禾谷类和油料作物等。

【为害状】

该虫以若虫和成虫刺吸为害嫩叶和幼果，幼叶受害，被害处形成红褐色、针尖大小的坏死点，随叶片的伸展长大，以小坏死点为中心，拉成圆形或不规则的孔洞。为害严重的新梢尖端小嫩叶出现孔网状褐色坏死斑。

三点盲蝽成虫在枣树新叶为害

三点盲蝽为害枣树，叶片呈现孔洞破碎状

【形态特征】

1. 成虫　体长 7 毫米，黄褐色，被黄毛。前胸背板后缘有 1 条黑色横纹，前缘有 3 块黑斑。小盾片及 2 个楔片呈明显的 3 块黄绿色三角形斑。触角黄褐色，约与体等长，第 2 节顶端黑色，足赭红色。

2. 卵　淡黄色，长 1.2 毫米，卵盖上的一端有白色丝状附属物，卵盖中央有 2 个小突起。

3. 若虫　5 龄若虫体黄绿色，密被黑色细毛，触角第 2、3、4 节基部青色，其余褐红色。翅芽末端黑色，达腹部第 4 节。

【生活史与习性】

本虫在河南 1 年发生 3 代，以卵在树干上有疤痕的树皮内越冬。越冬卵 4 月下旬开始孵化，初孵若虫借风力迁入邻近草坪、苜蓿地、棉田、豌豆田内为害，5 月下旬羽化为成虫，第 2 代若虫 6 月下旬出现，若虫期平均 15 天，7 月上旬第 2 代若虫羽化，7 月下旬孵出第 3 代若虫，若虫期 15.5 天。第 3 代成虫 8 月上旬羽化，从 8 月下旬在寄主上产卵越冬。

【防治方法】

参考“枣园绿盲蝽”。

二十三 枣园绿盲蝽

枣园绿盲蝽 *Lygocoris lucorum*（Meyer-Dur.），又名青色盲蝽、小臭虫，属半翅目盲蝽科。

【分布与寄主】

该虫分布于全国各地，以长江流域发生较严重。近几年，绿盲蝽对桃树等果树为害较重，同时也为害枣、苹果、桃、樱桃、葡萄等果树。

【为害状】

枣发芽后绿盲蝽即开始上树为害，以若虫和成虫刺吸枣树的幼芽、嫩叶、花蕾及幼果的汁液。第1代成虫主要为害幼芽、嫩叶，幼嫩组织被害后，先出现枯死小点，随后变黄枯萎，顶芽被害，生长受抑制，幼叶被害先呈现失绿斑点，随着叶片的伸展，小点逐渐变为不规则的孔洞、裂痕，叶片皱缩变黄，俗称“破叶疯”，被害枣吊不能正常伸展而呈弯曲状。绿盲蝽大发生时，常使冬枣不能正常发芽。第2代成虫主要为害花蕾及幼果，花蕾受

枣园绿盲蝽成虫

枣园绿盲蝽为害叶片呈现许多孔洞

害后即停止发育而枯死脱落，重者其花蕾全部脱落，整树无花可开，幼果被害后出现黑色坏死斑，有的出现隆起的小疱，其果肉组织坏死，大部分受害果脱落，严重影响产量。

【形态特征】

1. 成虫　体长 5 毫米，宽 2.2 毫米，绿色，密被短毛。头部三角形，黄绿色，复眼黑色突出，触角 4 节丝状。前胸背板深绿色，布许多小黑点，前缘宽。小盾片三角形微突，黄绿色，中央具 1 条浅纵纹。前翅膜片半透明暗灰色，余绿色。

2. 卵　长 1 毫米，黄绿色，长口袋形，卵盖奶黄色，中央凹陷，两端突起，边缘无附属物。

3. 若虫　5 龄，与成虫相似。初孵时绿色，复眼桃红色。2 龄黄褐色，3 龄出现翅芽，5 龄后全体鲜绿色，密被黑细毛；触角淡黄色，端部色渐深。眼灰色。

【生活史与习性】

我国北方年生 3 ～ 5 代，运城 4 代，陕西泾阳、河南安阳 5 代，江西 6 ～ 7 代，在长江流域一年发生 5 代，华南 7 ～ 8 代，以卵在枣、桃、石榴、葡萄、棉花枯断枝茎髓内以及剪口髓部越冬。翌年 4 月上旬越冬卵开始孵化，4 月中下旬为孵化盛期。起初在杂草上为害，5 月开始为害枣树新叶，9 月下旬开始产卵越冬。

绿盲蝽趋嫩为害，生活隐蔽，爬行敏捷，成虫善于飞翔。晴天白天多隐匿与草丛内，早晨、夜晚和阴雨天爬至芽叶上活动为害，频繁刺吸芽内的汁液，1 头若虫一生可刺 1 000 多次。

【防治方法】

枣园绿盲蝽 1 ～ 3 代若虫孵化时间集中，成虫高峰期明显，第 2 代成虫迁移转主时间集中。为此，在防治上应针对其薄弱环节，抓住防治关键时期，将该虫消灭在孵化期和成虫羽化及转主之前。防治关键时期为第 1 代若虫孵化期（4 月下旬）、第 2 代若虫孵化期（5月下旬）、第2代成虫羽化前（6月上旬）。

1. 农业防治 优化生态环境，清理越冬场所，即在秋冬季节清理枣园附近及棉田中的棉秆、棉叶等，并于枣树落叶前树干绑草把诱集成虫产卵；早春清除树下及田埂、沟边、路旁的杂草，3月上中旬解除草把、刮树皮，结合修剪剪除枯枝、病残枝集中沤制土杂肥，减少、切断绿盲蝽越冬虫源和早春寄主上的虫源；枣树生长期间及时清除枣园内外杂草；及时夏剪和摘心，消灭潜伏其中的若虫和卵。

2. 物理防治 枣园悬挂电子频振式杀虫灯，利用绿盲蝽成虫的趋光性进行诱杀，也可利用黄板诱杀。

3. 生物防治 充分利用天敌来防治绿盲蝽。绿盲蝽的自然天敌种类多，主要有卵寄生蜂、花蝽、草蛉、姬猎蝽、蜘蛛等，在进行化学防治时，要以保护天敌为前提，尽量选用对天敌毒性小的杀虫剂。当绿盲蝽为害达到防治指标，需要用药时，也应选择合适的冬枣生长期内用药，这样既能减少对天敌的伤害，同时也能有效地控制绿盲蝽的数量，做到有的放矢，充分保护天敌。

4. 化学防治 4月上旬全树喷施1遍5波美度石硫合剂，特别注意树干周围地面都要喷到。生长期喷药，以触杀性较强的拟除虫菊酯类和内吸性较强的吡虫啉杀虫剂结合使用效果最好。可选用2.5%高效氟氯氰菊酯2 000倍液，或45%马拉硫磷1 000倍液，或48%毒死蜱1 500倍液，或10%吡虫啉2 000倍液等。有机磷和氨基甲酸酯类药剂毒性较高，氟氯氰菊酯的持效期较长，可在枣生产的早期选择使用，后期防治可采用吡虫啉类毒性较低的药剂。根据试验表明，防治绿盲蝽7天后的效果下降较大，绿盲蝽发生严重时最好隔5 ~ 7天再防治1遍，以达到最理想的防治效果。由于绿盲蝽有短距离迁移的习性，生产上要尽量做到统防统治，以提高防治效果，降低防治成本。

二十四　茶翅蝽

茶翅蝽 *Halyomorpha picus* Fabr，又名臭木棒象，俗称臭大姐，属半翅目蝽科。

【分布与寄主】

我国东北、华北地区，山东、陕西、河南，以及南方各省区均有发生。该虫为害枣、苹果、桃、李、梨、杏、山楂等。

【为害状】

成虫、若虫吸食叶片、嫩梢和果实的汁液。正在生长的果实受害后，果面出现暗红色下陷斑。对枣树的为害主要是造成缩果和落果，严重降低了红枣的产量和品质。

茶翅蝽成虫

茶翅蝽为害叶片形成孔洞、果实枯萎

茶翅蝽成虫正在刺吸枣幼果

【形态特征】

1. 成虫 体长约 15 毫米，体灰褐色。触角 5 节，第 2 节比第 3 节短，第 4 节两端黄色，第 5 节基部黄色。前胸背板前缘有 4 个横列的黄褐色小点，小盾片基部有 5 个横列的小黄点。

2. 卵 长约 1 毫米，常 20 ～ 30 粒并排在一起，卵粒短圆筒状，灰白色，形似茶杯。

【生活史与习性】

我国豫西果产区 1 年发生 2 代，以成虫在草堆、树洞、屋角、檐下、石缝等处越冬。翌春 3 月中下旬，越冬成虫开始陆续出蛰，4 月中旬开始向果园及多种林木上迁飞、取食。5 月上旬越冬成虫开始交尾，5 月中下旬大量产卵，雌虫可产卵 5 ～ 6 次，每次产卵 30 粒左右，卵多产于叶背。第 1 代若虫始见于 5 月中旬，6 月中下旬第 1 代成虫开始交尾产卵，7 月上旬第 2 代若虫孵出，经过一段时间为害，到 9 月初相继发育为成虫，于 10 月开始越冬。茶翅蝽若虫和成虫对不同枣树品种为害有很强的选择性，对灰枣为害重，而不刺吸鸡心枣和九月青枣。

5 月上中旬，由于气温较低，成虫大部分时间处于静伏状态，自 5 月下旬开始，随着温度升高，特别是在 6 ～ 7 月为害很重。

【防治方法】

1. 捕杀成虫 春季越冬成虫出蛰时，清除门窗、墙壁上的成虫。

2. 药剂防治 茶翅蝽对多种药剂是敏感的，化学防治的关键问题不是药剂种类的选择，而是防治的关键时期。河南省 7 月中下旬为若虫群集发生盛期，这一时期，结合防治桃小食心虫，及时用药，喷布细致周到，效果较好。

二十五　麻皮蝽

麻皮蝽 *Erthesina fullo* Thunb，又名黄斑蝽，属于半翅目蝽科。

【分布与寄主】

该蝽分布于全国各地。食性很杂，为害枣、梨、苹果等果树及多种林木、农作物。

【为害状】

该蝽的成虫和若虫刺吸果实和嫩梢。受害青果面呈现暗红色下陷斑。对枣树的为害主要是造成缩果和落果，严重降低了红枣的产量和品质。

麻皮蝽成虫

【形态特征】

1. **成虫**　体长 18 ~ 23 毫米，背面黑褐色，散布不规则的黄色斑纹、点刻。触角黑色，第 5 节基部黄色。

2. **卵**　圆筒状，淡黄白色，横径约 1.8 毫米。

3. **若虫**　初龄若虫胸、腹部有许多红、黄、黑相间的横纹。2 龄若虫腹背有 6 个红黄色斑点。

【生活史与习性】

麻皮蝽在豫西 1 年发生 2 代，以成虫在向阳面的屋檐下、墙缝间、果园附近阳坡山崖的崖缝隙内越冬。翌年 3 月底至 4 月初始出，5 月上旬至 6 月下旬交尾产卵，7 月为害枣果，多次刺吸后枣果形成多个下陷色斑。

【防治方法】

参考“茶翅蝽”。

二十六　枣龟蜡蚧

枣龟蜡蚧 *Ceroplastes japonicas* Guaind，别名日本龟蜡蚧、龟甲蚧、树虱子等，属同翅目蜡蚧科。

【分布与寄主】

该虫在我国分布极其广泛，为害苹果、柿、枣、梨、桃、杏、柑橘、杧果、枇杷等大部分果树和100多种其他植物。

【为害状】

该虫的若虫和雌成虫刺吸枝、叶汁液，排泄蜜露常诱致煤污病发生，使植株密被黑霉，直接影响光合作用，并导致植株生长不良。

枣龟蜡蚧

枣龟蜡蚧若虫为害叶片

【形态特征】

1. 成虫　雌成虫体背有较厚的白蜡壳，呈椭圆形，长4～5毫米，背面隆起似半球状，中央隆起较高，表面具龟甲状凹纹，边缘蜡层厚且弯卷，由 8 块组成。活虫蜡壳背面淡红色，边缘乳白，死后淡红色消失，初淡黄色后虫体呈红褐色。活虫体淡褐色至紫红色。雄虫体长 1 ~ 1.4 毫米，淡红色至紫红色，眼黑色，触角丝状，翅 1 对白色透明，具 2 条粗脉，足细小，腹末略细，性刺色淡。

2. 卵 椭圆形，长 0.2 ~ 0.3 毫米，初淡橙黄色后虫体紫红色。

3. 若虫 初孵体长 0.4 毫米，椭圆形扁平，淡红褐色，触角和足发达，灰白色，腹末有 1 对长毛。固定 1 天后开始泌蜡丝，7 ~ 10 天形成蜡壳，周边有 12 ~ 15 个蜡角。后期蜡壳加厚雌雄形态分化，雄与雌成虫相似，雄蜡壳长椭圆形，周围有 13 个蜡角似星芒状。

4. 雄蛹 梭形，长 1 毫米，棕色，性刺笔尖状。

【生活史与习性】

该虫 1 年发生 1 代，以受精雌虫主要在 1 ~ 2 年生枝上越冬。翌春寄主发芽时开始为害，虫体迅速膨大，成熟后产卵于腹下。产卵盛期南京为 5 月中旬，山东为 6 月上中旬，河南为 6 月中旬，山西为 6 月中下旬。每雌产卵千余粒，多者 3 000 余粒。卵期 10 ~ 24 天。初孵若虫多爬到嫩枝、叶柄、叶面上固着取食，8 月初雌雄开始性分化，8 月中旬至 9 月为雄虫化蛹期，蛹期 8 ~ 20 天，羽化期为 8 月下旬至 10 月上旬，雄成虫寿命 1 ~ 5 天，交尾后即死亡，雌虫陆续由叶转到枝上固着为害，至秋后越冬。可行孤雌生殖，子代均为雄性。

【防治方法】

1. 农业防治 休眠期结合冬季修剪剪除虫枝，用刷子或木片刮刷枝条上成虫。人工剪除有虫枣头，将树上的越冬雌虫刮除。在严冬雨雪天气，树枝结冰时，用杆振落，将害虫振下集中消灭。

2. 保护和利用天敌　日本龟蜡蚧的天敌比较多，如黑盔蚧长盾金小蜂、蜡蚧褐腰啮小蜂、蜡蚧食蚧蚜小蜂、闽奥食蚧蚜小蜂、食蚧蚜小蜂、黑色食蚧蚜小蜂、软蚧扁角跳小蜂、蜡蚧扁角跳小蜂、刷盾短缘跳小蜂、绵蚧阔柄跳小蜂、龟蜡蚧花翅跳小蜂、球蚧花翅跳小蜂、红点唇瓢虫、黑背唇瓢虫、黑缘红瓢虫、二双斑唇瓢虫、中华草蛉、丽草蛉等。其中以红点唇瓢虫、黑盔蚧长盾金小蜂最常见。利用自然界的这些益虫来防治日本龟蜡蚧，可称“以虫治虫”。

3. 防治关键期　第 1 次在 6 月底至 7 月初，卵孵化的初期；第 2 次在 7 月中旬左右，卵孵化高峰期。可选用 25% 噻嗪酮可湿性粉剂 1 500 倍液，或 20% 吡虫啉可溶剂 3 000 倍液，或 20% 杀灭菊酯或 2.5% 溴氰菊酯乳剂 3 000 倍液等。

4. 增强植株通风透光　日本龟蜡蚧多发生在徒长枝、内膛枝上，因而剪去过密枝条、徒长枝、内膛枝等，增强植株的通风透光率，减少有利于日本龟蜡蚧的发生环境，可抑制日本龟蜡蚧的生长发育和发生。

二十七　梨圆蚧

梨圆蚧 *Quadraspidiotus perniciosus* Comstock，又名梨丸介壳虫、梨枝圆盾蚧、轮心介壳虫，属同翅目蚧科。

【分布与寄主】

在国内分布普遍，为害区偏于北方。梨圆蚧是国际检疫对象之一。食性极杂，已知寄主植物在150种以上，主要为害果树和林木。果树中主要为害梨、苹果、枣、核桃、杏、李、梅、樱桃、葡萄、柿和山楂等。

【为害状】

梨圆蚧能寄生于果树的所有地上部分，特别是枝干。梨圆蚧刺吸枝干后，引起皮层木栓和韧皮部、导管组织的衰亡，皮层爆裂，抑制生长，引起落叶，甚至枝梢干枯和整株死亡。梨圆蚧在果实上寄生，多集中在萼洼和梗洼处，围绕介壳形成紫红色的斑点。

梨圆蚧为害枣果

梨圆蚧严重为害枣树

【形态特征】

1. 成虫　雌虫体背覆盖近圆形介壳，介壳直径约 1.8 毫米，灰白色或灰褐色，有同心轮纹，介壳中央的突起称为壳点，脐状，黄色或黄褐色。虫体扁椭圆形，橙黄色，体长 0.91 ~ 1.48 毫米，宽 0.75 ~ 1.23 毫米，口器丝状，位于腹面中央，眼及足退化。雄虫介壳长椭圆形，较雌虫介壳小，壳点位于介壳的一端。虫体橙黄色，体长 0.6 毫米。眼暗紫红色，口器退化，触角念珠状，11 节。翅 1 对，交尾器剑状。

2. 若虫　初龄虫体长 0.2 毫米，椭圆形，橙黄色，3 对足发达，尾端有 2 根长毛。

【生活史与习性】

本虫 1 年发生世代数，因不同地区和不同寄主而异。我国南方 1 年发生 4 ~ 5 代，北方发生 2 ~ 3 代。辽宁、河北 1 年发生 2 代，浙江发生 4 代，均以 2 龄若虫附着在枝条上越冬，翌年梨芽萌动开始继续为害。河北昌黎越冬代成虫羽化期集中在 5 月上中旬，雄虫羽化交尾后即死亡，雌虫产仔期为 6 月。第 1 代成虫羽化期在 7 月中旬至 8 月上旬，产仔期为 8 月中旬至 9 月中旬。

梨圆蚧行两性生殖，卵胎生。初孵若虫从雌介壳中爬出，行动迅速，向嫩枝、叶片、果实上迁移。找到合适部位以后，将口器插入寄主组织内，固定不再移动，并开始分泌蜡质而逐渐形成介壳。1 龄若虫经 10 ~ 12 天蜕第 1 次皮。雌若虫以后再蜕皮 2 次变为雌成虫；雄若虫 3 龄后化蛹，由蛹羽化为成虫。越冬代雌虫多固着在枝干和枝杈处为害，主要在枝干阳面，雄虫多固着在叶片主脉两侧，夏秋发生的若虫则迁移到叶上为害。一般 7 月以前很少害果，8 月以后害果逐渐增多。

【防治方法】

1. 人工防治 梨圆蚧在枣树上常常呈点、片严重发生，甚至一株树上，仅一两个枝条严重，其他枝条找不到虫。因此枣树上可采用人工刷擦越冬若虫的防治方法，或剪除介壳虫寄主严重的枝条。

2. 药剂防治 枣树上发生的梨圆蚧，越冬代虫羽化和雌虫产仔时期集中，此时是生长期防治的有利时机，可喷布 0.3 波美度石硫合剂，或 25% 噻嗪酮可湿性粉剂 1 500 倍液，或 20% 吡虫啉浓可溶剂 3 000 倍液，或 20% 杀灭菊酯或 2.5% 溴氰菊酯乳剂 3 000 倍液等进行防治。

3. 保护天敌 生长期果园尽量避免使用残效期长的广谱性杀虫剂，以利天敌发生。

4. 加强植物检疫 对向外地调运的苗木、接穗，严加检疫，防止此虫随同苗木传带。

二十八　枣瘿蚊

枣瘿蚊 *Contarinia* sp.，又名枣芽蛆，属双翅目瘿蚊科。

【分布与寄主】

该虫分布于全国各枣产区。寄主有枣树、酸枣树。

【为害状】

该虫为害枣树嫩芽及幼叶，叶片受害后，叶肉受刺激叶片增厚，叶缘向上卷曲，嫩叶成筒状，由绿色变为紫红色，质硬发脆，幼虫在叶筒内取食。受害叶后期变为褐色或黑色，叶柄形成离层而脱落。此虫发生早，代数多，为害期长，对苗木、幼树发育及成龄树结实影响较大，故是枣树主要叶部害虫之一。

枣瘿蚊成虫

枣瘿蚊白色幼虫为害枣树芽及幼叶

枣瘿蚊为害枣树，芽及幼叶变形枯干

枣瘿蚊为害枣树，芽及幼叶初期变紫红色

【形态特征】

1. 成虫 虫体似蚊子，橙红色或灰褐色。雌虫体长 1.4 ~ 2 毫米，头、胸灰黄色，胸背隆起，为黑褐色，复眼黑色，触角灰黑色，念珠状，14 节，密生细毛，每节两端有轮生刚毛，翅 1 对，半透明，平衡棒黄白色，足 3 对，细长，淡黄色。雌虫腹部大，共 8 节，1 ~ 5 节背面有红褐色带，尾部有产卵器。雄虫略小，体长 1.1 ~ 1.3 毫米，灰黄色，触角发达，长过体半，腹部细长，末端有交尾抱握器 1 对。

2. 卵 近圆锥形，长 0.3 毫米，半透明，初产卵白色，后呈红色，具光泽。

3. 幼虫 蛆状，长 1.5 ~ 2.9 毫米，乳白色，无足。蛹为裸蛹，纺锤形，长 1.5 ~ 2 毫米，黄褐色，头部有角刺 1 对。雌蛹足短，直达腹部第 6 节；雄蛹足长，同腹部相齐。

4. 茧 长椭圆形，长径 2 毫米，丝质，灰白色，外黏土粒。

【生活史与习性】

该虫在华北地区 1 年 5 ~ 7 代，以老熟幼虫在土内结茧越冬。翌年 4 月成虫羽化，产卵于刚萌发的枣芽上，5 月上旬进入为害盛期，嫩叶卷曲成筒，1 个叶片有幼虫 5 ～ 15 头，被害叶枯黑脱落，老熟幼虫随枝叶落地化蛹，6 月上旬成虫羽化，平均寿命 2 天，除越冬幼虫外，平均幼虫期和蛹期为 10 天。

【防治方法】

防治枣瘿蚊如果能抓住时机，提前防治，一般很容易控制，但由于受害叶片呈筒状，虫卵被卷在其中，如果防治时机抓不好，使用农药效果就差了。

1. 减少越冬虫源　春季 4 月底，地面喷洒 50%辛硫磷，每亩用量 0.5 千克，喷后浅耙，可防治入土化蛹的老熟幼虫。秋季，地面喷 5%敌百虫粉或 50%辛硫磷 1 000 倍液，结合翻园，减少越冬虫源。

2. 清理虫源　10 月，清理树上、树下虫枝、叶、果，并集中处理，减少越冬虫源。

3. 药剂防治　4 月中下旬枣树萌芽展叶时，喷施 25%灭幼脲悬乳剂 1 500 倍液，或 52.25%毒死蜱 · 氯氰菊酯乳油 3 000 倍液，或 1.8% 阿维菌素 3 000 倍液，或 10% 吡虫啉 3 000 倍液，或 10%氯氰菊酯乳油 3 000 倍液，或 20%氰戊菊酯乳油 2 000 倍液，或 2.5%溴氰菊酯乳油 3 000 倍液，或 25%噻嗪酮可湿性粉剂 1 500 倍液，或 80%敌敌畏乳油 800 ～ 1 000 倍液。间隔 10 天喷 1 次，连喷 2 ～ 3 次。

二十九 枣树红蜘蛛

为害枣树的红蜘蛛主要是截形叶螨 *Tetranychus truncatus* Ehara 和朱砂叶螨 *Tetranychus cinnabarinus*（Boisduval），均属真螨目叶螨科。

【分布与寄主】

枣树红蜘蛛我国各地均有分布。寄主有枣、瓜类、豆类、玉米、高粱、粟、向日葵、桑树、草莓、棉花、黄瓜等。

枣树红蜘蛛为害叶片失绿焦枯

【为害状】

该虫吸食寄主叶绿素颗粒和细胞液，抑制寄主光合作用，减少养分积累。

枣树红蜘蛛为害状

枣树红蜘蛛在叶片正面为害状

受害后叶片出现针头大小的褪绿斑，严重时，整个叶片发黄，直至干枯脱落。

【形态特征】

1. 截形叶螨　雌成螨体长 0.55 毫米，宽 0.3 毫米。体椭圆形，深红色，足及颚白色，体侧具黑斑。须肢端感器柱形，长约为宽的 2 倍，背感器约与端感器等长。气门沟末端呈“U”形弯曲。各足爪间突裂开为 3 对针状毛，无背刺毛。雄成螨体长 0.35 毫米，体宽 0.2 毫米；背缘平截状，末端 1/3 处有一凹陷，端锤内角钝圆，外角尖削。

2. 朱砂叶螨

（1）成虫：雌成螨体长 0.42 ~ 0.5 毫米，宽约 0.3 毫米，椭圆形，体背两侧具有 1 块三裂长条形深褐色大斑。雄成螨体长 0.4 毫米，菱形，一般为红色或锈红色，也有浓绿黄色的，足 4 对。雄螨一生只蜕 1 次皮，只有前期若螨。

（2）幼螨：黄色，圆形，长 0.15 毫米，透明，具 3 对足。若螨体长 0.2 毫米，似成螨，具 4 对足。前期体色淡，雌性后期体色变红。

（3）卵：近球形，直径 0.13 毫米，初期无色透明，逐渐变淡黄色或橙黄色，孵化前呈微红色。

【生活史与习性】

1 年发生 10 ~ 20 代，在华北地区以雌螨在枯枝落叶或土缝中越冬，在华中地区以各虫态在杂草丛中或树皮缝越冬，在华南地区冬季气温高时继续繁殖活动。早春气温达 10 ℃以上，越冬成螨即开始大量繁殖，多于 4 月下旬至 5 月上中旬迁入枣园，先是点片发生，随即向四周迅速扩散。在植株上，先为害下部叶片，然后向上蔓延，繁殖数量过多时，常在叶端群集成团，滚落地面，被风刮走，扩散蔓延。发育起点温度为 7.7 ~ 8.8℃，最适温度为 29 ~ 31℃，最适相对湿度为 35% ~ 55%。相对湿度超过 70% 时不利其繁殖。高温低湿则发生严重，所以 6 ~ 8 月为害严重。

【防治方法】

1. 农业防治　秋末清除田间残株败叶沤肥；开春后种植前铲除田边杂草，清除残余的枝叶，可消灭部分虫源。天气干旱时，注意灌溉，增加菜田湿度，不利于其发育繁殖。

2. 化学防治　点片发生阶段，喷 0.5% 藜芦碱可溶液剂（有效成分用药量 6.25 ~ 8.33 毫克 / 千克），或 15% 哒螨酮乳油 3 000 倍液，或 1.8% 阿维菌素乳油 5 000 倍液等。

3. 黏虫胶防治　4 月中下旬（枣树发芽前），在枣树主干分杈以下（不要距离地面太近）涂抹 1 次黏虫胶，间隔 2 ~ 3 个月后再涂抹 1 次，防治效果很好。同时使用该药，还可防治具有上下树迁移习性的其他树木害虫，如枣树上的绿盲蝽象、枣步曲、食芽象甲、大灰象甲、枣粉蚧、枣尺蠖雌虫等。使用时，先用 2 ~ 2.5 厘米宽的胶带在主干分枝的下方光滑部位缠绕一圈，然后直接用手将无公害黏虫胶均匀地涂在上面，直径 13 厘米(周长约 40 厘米）左右的树用量 1.5 ~ 2.5 克。

4. 生物防治　长毛钝绥螨、德氏钝绥螨、异绒螨、塔六点蓟马和深点食螨瓢虫等为其天敌，有条件的地方可保护或引进释放。当田间的益害比为 1 ：（10 ~ 15）时，一般在 6 ~ 7 天后，害螨将下降 90% 以上。

三十　枣顶冠瘿螨

枣顶冠瘿螨 *Epitrimerus zizyphagus* Keifer，又名枣叶锈螨、枣叶锈壁虱、枣叶壁虱、枣瘿螨、枣锈螨、枣壁虱等，属蜘形纲螨目瘿螨科。

【分布与寄主】

近年来我国河北、山东、山西、陕西枣区都有不同程度的发生，由于该虫体极小，肉眼看不清楚，不能及时防治，部分果园被害株率很高。

【为害状】

该螨以成虫、若虫为害叶、花和幼果。叶片受害后，基部和叶脉部分先呈现灰白色，发亮，后扩散至全叶。叶片加厚变脆，沿叶脉向叶面卷曲，后期叶缘焦枯。蕾、花受害后渐变褐色，干枯脱落。果实受害后出现褐色锈斑，甚至引起落果。受害严重的

枣顶冠瘿螨为害枣树叶片

枣顶冠瘿螨在枣树叶面为害状

树早期大量落叶、落果，枣头顶端、芽、叶、枝枯死，树冠不能扩大，树势削弱。

【形态特征】

1. 成螨 体圆锥状，似胡萝卜，宽 0.10 ~ 0.11 毫米。越冬代体形前后端都较宽，非越冬代前端宽而尾部细，初为白色，渐变为淡黄色。头胸部两侧有分节的足 2 对，第 1 对较长。各足前端有爪 4 个，其中 1 个呈羽状。口器钳状刺吸式凸出头胸部前端，向下弯曲,与体略呈直角。头胸部背板呈盾状,其上网纹带有颗粒。腹部延长，向后渐细，有明显突起的环纹 40 多个，全身 3 对刚毛指向后方。体末有 1 个吸盘，尾端两侧各有 1 个刺状尾须。

2. 卵 圆球状，直径 0.079 ~ 0.097 毫米，表面光滑透明，上有网状花纹，渐变淡黄色。

3. 若螨 体形与成螨相似，略小。初孵化时白色半透明。

【生活史与习性】

枣顶冠瘿螨在山西枣产区 1 年发生 3 ~ 4 代，以成螨在枣股缝隙内越夏、越冬。第 2 年 4 月下旬枣树开始发芽时出蛰活动，为害嫩芽。枣树展叶后多群集于叶片基部叶脉两侧的正反面刺吸汁液，随即很快布满叶片、枣果及枣头为害。5 月中旬开始产卵。卵散产于叶片正、反面及枣头上。5 月下旬为产卵盛期，部分若螨已孵化。6 月上旬当平均气温达 20℃时虫口密度急剧上升，为全年为害盛期，受害严重者 1 张叶片上可有数百头之多，枣头顶端生长点完全被螨体覆盖。6 月下旬又有螨卵和若螨发生，幼果多在梗洼、果肩部受害。7 月中旬气温达 24 ℃以上时，卵、螨同时发生，为第 3 个为害高峰期。3 月上中旬成虫陆续迁向枣股，至 9 月中旬全部到达枣股缝隙，转入休眠状态。

枣顶冠瘿螨的消长与温度、降水量关系密切，6 ~ 8 月降水量少时发生严重。大雨可以冲掉枣叶上的部分卵、若虫和成虫。

【防治方法】

（1）在发芽前（芽体膨大时效果最佳），喷施 1 次 3 ～ 5 波美度石硫合剂，可杀灭在枣股上越冬的成虫或老龄若虫。

（2）枣树发芽后 20 天内（5 月上中旬），正值枣顶冠瘿螨出蛰为害初期尚未产卵繁殖时，及时喷施 40%硫悬浮剂 500 倍液，或 1.5%阿维菌素乳油 3 000 倍液，或 15%哒螨灵乳油 2 000 倍液，15 天后再喷 1 次。喷药时，不能漏掉树冠内膛和叶片背面。只要喷药及时、严密细致，便可控制该螨的发生为害，保证枣果的产量和质量。